数据资产系列丛书　　　　　　　　　　　　刘云波　总主编

公共数据资产授权运营

余炳文　陈　蕾◎编著

内 容 简 介

公共数据资产授权运营是数字经济时代推动经济高质量发展的引擎。公共数据开放共享和合理授权运营，能够为政府决策提供支持，为企业创新提供动力，为公共服务提供优化方案。本书根据近几年中央和各地政府出台的法律法规和规范性文件，通过深入研究和实地调研各地公共数据资产的授权运营实践，采用理论与实践相结合的研究方法，全面系统地探讨了公共数据资产授权运营的多个关键维度。书中不仅详细阐释了公共数据资产授权运营的基本概念和理论框架，还深入分析了运营环境的构建、运营过程的管理、运营模式的选择以及运营效果的评价等多个层面。

本书可作为企事业单位管理人员、数据资产和数据要素从业者、财务会计人员、大数据从业人员的培训教材；也可作为高等学校大数据科学、大数据技术、大数据管理与应用、企业管理等相关专业的配套教材；还可作为数据资产领域的专家、学者、企业管理者、相关从业人员的参考书。

图书在版编目(CIP)数据

公共数据资产授权运营 / 余炳文，陈蕾编著. ——北京 ：北京大学出版社，2025.1. ——(数据资产系列丛书). -- ISBN 978-7-301-35940-2

Ⅰ. TP274；F273.4

中国国家版本馆 CIP 数据核字第 2025FY3180 号

书　　　名	公共数据资产授权运营 GONGGONG SHUJU ZICHAN SHOUQUAN YUNYING
著作责任者	余炳文　陈　蕾　编著
策划编辑	李　虎　郑　双
责任编辑	李斯楠　郑　双
标准书号	ISBN 978-7-301-35940-2
出版发行	北京大学出版社
地　　　址	北京市海淀区成府路 205 号　100871
网　　　址	http：//www.pup.cn　新浪微博：@北京大学出版社
电子邮箱	编辑部 pup6@pup.cn　总编室 zpup@pup.cn
电　　　话	邮购部 010-62752015　发行部 010-62750672　编辑部 010-62750667
印刷者	三河市北燕印装有限公司
经销者	新华书店
	730 毫米×1020 毫米　16 开本　12.25 印张　234 千字 2025 年 1 月第 1 版　2025 年 1 月第 1 次印刷
定　　　价	50.00 元

未经许可，不得以任何方式复制或抄袭本书之部分或全部内容。
版权所有，侵权必究
举报电话：010-62752024　电子邮箱：fd@pup.cn
图书如有印装质量问题，请与出版部联系，电话：010-62756370

数据资产系列丛书编写委员会

（按姓名拼音排序）

总 主 编 刘云波

编委会成员 陈　蕾　刘天雪　刘玉铭　吕　雯
　　　　　　罗小江　盛莫凌　石午光　王竞达
　　　　　　王　鹏　余炳文　张春宝　张　旭
　　　　　　郑保卫

推 荐 序 一

随着全球数字经济的快速发展，数据作为一种新型生产要素，正成为推动全球经济结构转型和全球价值链重塑的战略资源，也是国际竞争的制高点。我国政府高度重视数字经济发展和数据要素的开发应用，国家层面出台了一系列政策，大力推动数据要素化和数据资产化进程。在这一时代背景下，如何有效管理和利用数据资源或数据资产，成为各行各业亟须解决的重大课题。

数据具备不同于传统生产要素的独特价值。数据的广泛运用，将推动新模式、新产品和新服务的发展，开辟新的经济增长点。更重要的是，数据的广泛运用带来的是效率的提升，而不是简单的规模扩张。例如，共享单车的兴起并未直接带来自行车产量的增长，但却显著提升了资源的使用效率。这种效率提升，是数字经济最核心的贡献，也是高质量发展所追求的目标。

数字经济发展不仅需要技术创新，还需要战略引领和政策支持。没有战略的引领，往往会导致盲目发展，最终难以实现预期目标。中国在数字经济领域的成功经验表明，技术创新和商业模式创新相辅相成，数字产业化与产业数字化同步推进。国家制定数字经济发展战略要因地制宜，不可照搬他国模式，也不能搞"一刀切"。战略引领和政策支持都必须遵循数字经济发展的规律，因此，要不断深化对数字经济的研究。

数据要素化是世界各国共同面对的新问题，有大量的理论问题和政策问题需要回答。当前，各国在数据管理、政策制定及监管方面，仍面临诸多挑战。例如，如何准确衡量数据资产的价值，如何确保数据跨境流动的安全与合规，都是摆在各国政府和企业面前的难题。对我国而言，没有信息化就没有现代化，没有网络安全就没有国家安全，在发展数字经济的同时，必须保证信息安全。因此，在制定数据收集、运用、交易、流动相关政策时，始终要坚持发展与安全并重的原则。

创新数字经济的监管同样需要研究新问题。随着数据的广泛应用，隐私保护、数据安全以及跨境流动的合规性问题变得愈加复杂。各国在探索数字经济监管体系时，必须坚持市场主导和政府引导相结合的原则，确保监管体系的适应性、包容性和安全性。分类监管是未来监管体系创新的重要方向。

针对不同类型的数据，根据其对经济和安全的不同影响，创新监管方式，既要便利数据的有序流动，也要确保安全底线。

北京大学出版社出版的《数据资产系列丛书》，系统总结了数字经济发展的政策与实践，对一系列前沿理论问题和方法进行了探讨。本丛书不仅从宏观层面讨论了数字经济的发展路径，还结合大量的实际案例，展示了数据要素在不同行业中的具体应用场景，为政府和企业充分开发和利用数据提供了参考和借鉴。通过阅读本丛书，从数据的收集、存储、安全流通、资产入表，到深入的开发利用，读者将会有更加全面的了解。期待本丛书的出版为我国数字经济健康发展作出应有的贡献。

是为序。

国务院发展研究中心副主任
隆国强

推 荐 序 二

随着全球产业数字化、智能化转型的深度演进,数据的战略价值愈发重要。作为新型生产要素,数据除了是信息的集合,还可以通过分析、处理、计量或交易成为能够带来显著经济效益和社会效益的资产。在这一背景下,政策制定者、企业管理者和学术界,都在积极探索如何高效管理和利用数据资产,以实现高质量发展。从整个社会角度看,做好数据治理,让数据达到有序化、合规化,保障其安全性、隐私性,进一步拓宽其应用场景,可以更好地为经济赋能增值。对于企业而言,数据作为核心资源,具有与传统有形资产显著不同的特性。它的共享性和非排他性使得数据资产管理更加复杂,理解并掌握数据资产的管理和使用方法及其价值创造方式,有助于形成企业自身的数据治理优势,能够提高企业的市场竞争力。正如我曾在多个场合提到的,数据资产的管理不仅是一个技术问题,更涉及政策、法律和财务领域的多方协作。因此,科学的管理体系是企业有效利用数据资产、提升经济效益的基础。

北京大学出版社《数据资产系列丛书》的出版,为这一领域提供了宝贵的理论支持与实践指导。本丛书不仅详细介绍了数据资产管理的基本理论,还结合大量实际案例,展示了数据资产在企业运营中的广泛应用。丛书在数据资产的财务处理、规范应用以及数据安全等方面,均进行了大量有益探索。在财务处理方面,企业需要结合数据的独特属性,建立适应数据资产的财务管理制度和管理体系。这不仅需要考虑数据的质量、时效性和市场需求,还需要构建符合数据资产特性的确认、计量和披露要求,以确保其在企业财务报表中的科学反映,帮助企业更好地将数据资产纳入其整体财务管理框架。在法律与政策层面,国家近年来出台了一系列法规,明确了数据安全、隐私保护及数据交易流通的基本规范。这些法规为企业和政府部门在数据资产管理中的合法合规提供了保障。在数据交易流通日益频繁的背景下,如何确保数据安全、完善基础设施建设,成为政府和企业必须面对的挑战,丛书在这些方面的分析和探讨均有助于引导读者对数据资产进行进一步的研究探索。

本丛书不仅适用于政策制定者、企业管理者和财务管理人员,也为学术界提供了深入研究数据资产管理的丰富素材。丛书从理论到实践,对数据资产的综合管理进行了系统整理和分析，可以帮助更多的企业、相关机构在数字经济时代更好地利用数据要素资源。我相信，随着数据资产管理制度体系的逐步完善，数据将进一步发挥其在资源配置、生产效率提升及经济增长中的重要作用。企业也将在这一过程中，通过科学的管理和有效的应用，进一步提升其市场竞争力，实现更高水平的发展与转型。

中国财政科学研究院副院长
徐玉德

推 荐 序 三

数据作为重要的生产要素，其价值日益凸显，已成为推动国民经济增长、技术创新与社会进步的关键要素。数据从信息的集合转变为可持续开发的资源，这不仅改变了企业的运营模式，也对全球经济发展路径产生了深远的影响。中国作为世界第二大经济体也是数据大国，近年来积极探索数据要素化的路径，推进数据在安全前提下的国际流动，推动全球数字经济有序健康发展。在这个过程中，如何科学地管理、评估与运营数据资产，已成为企业、政府部门乃至国家进行数据管理的核心议题。

从政策层面上看，数据资产的管理和跨境流动涉及多个方面，包括数据隐私、安全性、合规性以及经济效益的最大化。为了规范数据的使用与流动，确保国家安全与经济发展，近年来，我国出台了一系列法律法规，如《中华人民共和国网络安全法》与《中华人民共和国数据安全法》。这标志着我国在数据要素化的进程中迈出了重要一步，为企业的数据资产管理提供了法律依据，确保数据在创造经济价值的同时，保持高度的安全性与合规性。同时，还为推动数字经济的高质量发展提供了法律和制度保障。

北京大学出版社《数据资产系列丛书》的出版，恰逢其时。本丛书系统地梳理了数据资产的概念、运营管理、入表及价值评估等关键议题，可以帮助企业管理者和政府决策部门从理论到实践，全面理解数据资产的开放与共享、运营与管理。本丛书不仅涵盖了数据资产管理的基本理论，还结合了大量的实际案例，展示了数据资产在不同行业中的应用场景。例如，在公共数据的管理与运营中，丛书通过具体的案例分析，详细地讨论了如何在数据开放与隐私保护之间取得平衡，确保公共数据的合理使用与价值转化。从公共数据资产运营管理的角度，丛书不仅为政府与公共机构提升服务水平、优化资源配置提供了新思路，还能够带来巨大的社会效益。丛书中特别提到，随着大数据技术的广泛应用，公共数据的应用场景日益多样化，从智慧城市建设到公共医疗服务，数据的价值正在各个领域得到充分体现。丛书通过对这些实践的深入分析，为企业与公共机构提供了宝贵的参考，帮助其在实际操作中最大化地发挥数据的内在价值。

在企业层面，如何将数据从普通的资源转化为具有经济价值的资产，是当前企业管理者面临的重大挑战。数据资产不同于传统的有形资产，它具有共享性、非排他性和高度的流动性。这意味着企业在管理数据时，必须采用与传统资产不同的管理方法和评估模型，数据资产的有效管理，不仅能够帮助企业提高运营效率，还能够显著提升其市场竞争力。通过对数据的全面收集、分析与应用，企业可以更加精准地把握市场需求，优化生产流程，进而实现经济效益的最大化。此外，数据资产的会计处理与价值评估，是数据资产管理中的核心环节之一。由于数据资产的无形性和动态性，使得传统的资产评估方法难以完全适用。丛书中分析了数据资产的独特属性，入表和价值评估的相关要求和操作流程，可以帮助企业在财务决策中更加科学地进行数据资产的评估与管理。另外，还可以帮助企业将数据资产纳入其整体财务管理体系，提升企业在市场中的透明度与公信力。

推动数字经济有序健康发展，不仅需要政策的支持，还需要企业的积极参与。通过阅读本丛书，读者将能够更加深刻地理解数据资产的管理框架、财务处理规范及其在经济增长中的关键作用，并且在公共数据资产运营、数据安全、隐私保护及数据价值评估等方面，获得系统的指导。

总之，数字经济的迅猛发展，给全球经济带来了新的机遇与挑战。数据资产作为核心资源，其管理与运营将直接影响企业的长远发展。我相信，本丛书不仅为企业管理者提供了宝贵的实践经验，还将推动中国数字经济持续健康稳定发展。

全国政协委员、北京新联会会长、中国资产评估协会副会长
北京中企华资产评估有限责任公司董事长
权忠光

丛书总序

2019年10月31日，中国共产党第十九届中央委员会第四次全体会议通过《中共中央关于坚持和完善中国特色社会主义制度 推进国家治理体系和治理能力现代化若干重大问题的决定》，提出要健全劳动、资本、土地、知识、技术、管理、数据等生产要素由市场评价贡献、按贡献决定报酬的机制，"数据"首次被正式纳入生产要素并参与分配，这是一项重大的理论创新。2020年3月30日，中共中央、国务院发布《中共中央、国务院关于构建更加完善的要素市场化配置体制机制的意见》，将数据与土地、劳动力、资本、技术等传统要素并列成为五大生产要素。《中共中央、国务院关于构建数据基础制度更好发挥数据要素作用的意见》提出要根据数据来源和数据生成特征，分别界定数据生产、流通、使用过程中各参与方享有的合法权利，建立数据资源持有权、数据加工使用权、数据产品经营权等分置的产权运行机制。鼓励公共数据在保护个人隐私和确保公共安全的前提下，按照"原始数据不出域、数据可用不可见"的要求，以模型、核验等产品和服务等形式向社会提供，实现数据流通全过程动态管理，在合规流通使用中激活数据价值。

可以预期，数据作为新型生产要素，将深刻改变我们的生产方式、生活方式和社会治理方式。随着数据采集、治理、应用、安全等方面的技术不断创新和产业的快速发展，数据要素已成为国民经济长期增长的内生动力。从广义上理解，数据资产是能够激发管理服务潜能并能带来经济效益的数据资源，它正逐渐成为构筑数字中国的基石和加速数字经济飞跃的关键战略性资源。数据资产的科学管理将为企业构建现代化管理系统，提升企业数据治理能力，促进企业战略决策的数据化、科学化提供有力支撑，对于企业实现高质量发展具有重要的战略意义。数据资产的价值化是多环节协同的结果，包括数据采集、存储、处理、分析和挖掘等。随着技术的快速发展，新的数据处理和分析技术不断涌现，企业需要更新和完善自身的管理体系，以适应数据价值化的内在需求。数据价值化将促使企业提升数据治理水平，完善数据管理制度，建立完善的数据治理体系；企业还需要打破部门壁垒，实现数据的跨部门共享和协作。随着技术的高速发展，大数据、云计算、人工智能等技术的应用日益广泛，数据资产的价值正逐渐被不同行业的企业所认识。然而，相较于传统的资产类型，数据资产的特性使得其在管理、价值创造与会计处理等方面面临诸多挑战，提升数据资产的管理能力是产业数字化和数据要素化的关键，也是提升企业核心竞争力和发展新质生产力的必然选择。我们需要在不断研究数据价值管理理论的基础上，深入开展数据价值化实践，以有效释放数据资产的价值并推进数字经济高质量发展。

财政部 2023 年 8 月印发《企业数据资源相关会计处理暂行规定》，标志着"数据资产入表"正式确立。2023 年 9 月 8 日，在财政部指导下，中国资产评估协会印发《数据资产评估指导意见》，为数据资产价值衡量提供了重要标准尺度。数据资产入表的推进为企业数据资产的价值管理带来新的挑战。数据资产入表不仅需要明确数据资产确认的条件和方式，还涉及如何划定数据资产的边界，明确会计核算的范围，这是具有一定挑战性的任务。最关键的是，数据资产入表只是数据资源资产化的第一步。同时，数据资产的价值评估已成为推动数据资产化和数据资产市场化不可或缺的重要环节之一。由于数据资产的价值在很大程度上取决于其在特定应用场景中的使用，现实情况中能够直接带来经济利益流入的应用场景相对较少，如何对数据资产进行合理和科学的价值评估，也是资产评估行业和社会各界所关注的重要议题，需要深入进行理论研究并不断总结最佳实践。

数据资产化将加速企业数字化转型，驱动企业管理水平提升，合规利用数据资源。数据资产入表将对企业数据治理水平提出挑战，企业需建立和完善数据资产管理体系，加强数字化人才的培养，有效地进行数据的采集、整理，提高数据质量，让数据利用更有可操作性、可重复利用性。企业管理层将会更加关注数据资产的管理和优化，强化数据基础，提高企业运营管理水平，助力企业更好地遵循相关法规，降低合规风险，注重信息安全。通过对数据资产进行系统管理和价值评估，企业能够更好地了解自身创新潜力，有助于优化研发投资，提高业务的敏捷性和竞争力，推动基于数据资产利用的场景创新并激发业务创新和组织创新。因此，需要就数据资源的内容、数据资产的用途、数据价值的实现模式等进行系统筹划和全面分析，以有效达成数据资源的资产化实现路径，并不断创新数据资产或数据资源的应用场景，为企业和公共数据资产化和资本化的顺利实现，通过数据产业化发展地方经济，构建新型的数据产业投融资模式，以及国民经济持续健康发展打下坚实的基础。

数据要素在政府社会治理与服务，以及宏观经济调控方面也扮演着关键角色。数据要素的自由流动提高了政府的透明度，增强了公民和政府之间的信任，同时有助于消除"数据孤岛"，推动公共数据的开放共享。来自传统和新型社交媒体的数据可以用于公民的社会情绪分析，帮助政府更好地了解公民的情感、兴趣和意见，为公共服务对象的优先级制定提供支持，提升社会治理水平和能力。还可以对来自不同公共领域的数据进行相关性分析，有助于政府决策机构进行更准确的经济形势分析和预测，从而促进宏观经济政策的有效制定。公共数据也具有巨大的经济社会价值，2023年12月31日国家数据局等17个部门联合印发《"数据要素×"三年行动计划（2024—2026年）》，提出要以推动数据要素高水平应用为主线，以推进数据要素协同优化、复用增效、融合创新作用发挥为重点，强化场景需求牵引，带动数据要素高质量供给、合规高效流通，培育新产业、新模式、新动能，充分实现数据要素价值。2023年12月31日，财政部印发《关于加强数据资产管理的指导意见》，明确指出要坚持有效市场与有为政府相结合，充分发挥市场配置资源的决定性作用，支持用于产业发展、行业发展的公共数据资产有条件有偿使用，加大政府引导调节力度，探索建立公共数据资产开发利用和收益分配机制。我们看到，大模型已在公共数据开发领域发挥着显著的作用。

数据要素化既有不少机遇也有许多挑战，当前在数据管理、数据安全及合规监管方面还有大量的理论问题、政策问题以及具体的实现路径问题需要回答。例如，如何准确衡量数据资产的价值，如何确保数据交易流动的安全与合规，利益的合理分配，数据资产的合理计量和会计处理，都是摆在政府和企业面前的难题。在这样的背景下，北京大学出版社邀请我组织编写《数据资产系列丛书》，我深感荣幸与责任并重。我们生活在一个信息飞速发展的时代，每一天都有新的知识、新的观点、新的思考在涌现。作为致力于传播新知识、启迪思考的丛书，我们深知自己肩负的使命不仅仅是传递信息，更是要引导读者深入思考，激发他们内在的智慧和潜能。在筹备丛书的过程中，我们精心策划、严谨筛选，力求将最有价值、最具深度的内容呈现给读者。我们邀请了众多领域的专家学者，他们用自己的专业知识和独特视角，为我们解读相关理论和实践成果，让我们得以更好地理解那些隐藏在表象之下的智慧和思考。本丛书不仅是对数据要素领域理论体系的一次系统梳理，也是对现有实践经验的深度总结。在未来的数字经济发展中，数据资产将扮演越来越重要的角色，希望这套丛书能成为广大从业人员学习、参考的必备工具。

我要感谢本丛书的作者团队。他们在繁忙的工作之余，收集大量的资料并整理分析，贡献了他们的理论研究成果和丰富的实践经验，他们的智慧和才华，为丛书注入了独特的灵魂和活力。

我要感谢北京大学出版社的编辑和设计团队。他们精心策划、认真审阅、精心设计，他们的专业精神和创造力，为丛书增添了独特的魅力和风采。

我还要感谢我的家人和朋友们。他们一直陪伴在我身边，给予我理解和支持，让我能够有时间投入到丛书的协调和组织工作中。

最后，我要再次向所有为丛书的出版作出贡献的人表示衷心的感谢，是你们的努力和付出,让丛书得以呈现在大家面前;我们也将继续努力,为大家组织编写更多数据资产系列书籍,为中国数字经济的发展作出应有的贡献。

中国资产评估协会数据资产评估专业委员会副主任
北京中企华大数据科技有限公司董事长
刘云波

前　言

数字经济时代，数据要素已成为经济社会发展的战略性和基础性资源。公共数据作为数据资源的典型形态，如何对其进行有效的开发利用，是数字社会发展中亟待解决的重要议题。中国共产党第十九届中央委员会第四次全体会议首次将"数据"纳入生产要素并参与分配，各地围绕数据的开放共享、开发利用与授权运营等展开积极探索。

2021年，我国正式提出开展公共数据授权运营，社会各界对公共数据资产的开放共享、开发利用和授权运营十分关注，但不管是开放共享还是授权运营，都是为了更好地推进数据开发利用。2022年12月，中共中央、国务院印发《中共中央、国务院关于构建数据基础制度更好发挥数据要素作用的意见》，为推动我国公共数据开发利用提供了系统性的制度保障。2024年9月，中共中央办公厅、国务院办公厅出台了《中共中央办公厅、国务院办公厅关于加快公共数据资源开发利用的意见》，明确提出公共数据资源开发利用指导意见，鼓励各地区各部门因地制宜推动共享开放，探索开展依规授权运营。全国已有20多个省（自治区、直辖市）出台了与数据相关的管理规范和条例，对公共数据授权运营进行研究和探索。2020年，国务院办公厅发布《公共数据资源开发利用试点方案》，将上海市、江苏省、浙江省、福建省、山东省、海南省、贵州省、广东省作为公共数据资源开发利用试点地区，公共数据涉及的领域包括交通运输、医疗、卫生、就业、社保、地理、文化、教育、科技、资源、生态、农业、环境、统计、气象、海洋等。总体来看，各地都在其数据条例等政策法规中提到了公共数据授权运营，并且都已发布或正制定专门的公共数据授权运营办法；部分地区设立数据集团等运营单位探索公共数据授权运营实践；个别地区已对依托公共数据授权运营的数据产品和服务进行开发，并获得实质成效，取得了较为实用的经验，为下一步公共数据资产授权运营打下了良好的基础。

公共数据授权运营是公共数据主管部门按程序依法授予法人或者非法人组织，对授权的公共数据进行加工处理，形成公共数据产品和数据服务的行为。授权运营作为一种全新的公共数据开发利用方式，承载着高价值的数据利用与高品质的数据供给双重功能，从国家战略至各地发展计划，逐步过渡到实践，以推进公共数据的开放利用，实现数据要素的市场化。公共数据授权运营不仅可以缓解公共数据部门中现实的数据资源存储管理压力，增强数字化时代的政府治理能力，而且还能够为社会更好地提供高质高效的数据产品和数据服务，激发市场开发公共数据的潜能，让市场主体参与公共数据开发利用，从而实现良好的社会效益和经济效益。

  本书围绕公共数据资产授权运营展开。第 1 章论述了公共数据资产授权运营的相关概念与内涵，分析了公共数据资产授权运营的授权主体、运营主体，以及运营机制等内容。第 2 章论述了公共数据资产授权运营的环境，包括法律环境、流通交易规则和生态环境。第 3 章论述了公共数据资产的授权运营过程，包括公共数据资产的授权、流通、应用和授权运营监管四个方面。第 4 章论述了公共数据资产的授权运营模式及案例，描述了北京市、海南省、济南市、贵州省、江苏省和浙江省有关公共数据资产授权运营的做法，以及取得的成效。第 5 章论述了公共数据资产授权运营的评价，包括评价的含义、要求、关注点、操作步骤，以及评价的目的、原则、依据、主要内容和实施方案等。第 6 章论述了公共数据资产授权运营面临的产权确定、运营监管、价值评估以及治理的挑战，并提出了对应的建议。

  本书由江西财经大学余炳文教授和首都经济贸易大学陈蕾教授共同编写。江西财经大学经济学院资产评估专业硕士研究生陈鑫、陈晖、施慧敏、牛恺晨、朱博文和首都经济贸易大学财政税务学院博士研究生董惠敏、周锴等先后完成了本书第 1 章至第 6 章的资料搜集与校对工作，同时，贾亦杨、苏子航、付嘉杰、王珊、杨云泽、祝新元、喻滟童等同学也参与了资料的整理工作。北京中企华大数据科技有限公司董事长刘云波先生对本书的出版提供了大量的指导和帮助，北京大学出版社郑双编辑也给予了热情的指导和帮助，再次向他们表示衷心的感谢！

  总体看，本书参阅多个地方公共数据资产授权运营的实际操作过程，总结分析其中的经验和不足。由于公共数据资产授权运营是一个新兴领域，目前可借鉴的参考资料有限，行业内尚未建立起一套标准化的操作流程，加上编著者水平能力有限，书中肯定会存在不足之处，还请读者批评指正。

编著者
2024.9.10

目　　录

第1章　公共数据资产授权运营导论 ... 1

1.1　公共数据资产授权运营概述 ... 2
1.1.1　公共数据资产的概念 ... 2
1.1.2　公共数据资产授权运营的概念 ... 8

1.2　公共数据资产授权运营要素 ... 10
1.2.1　公共数据资产授权运营的授权主体 ... 10
1.2.2　公共数据资产授权运营的运营主体 ... 13
1.2.3　公共数据资产授权运营平台 ... 16

1.3　公共数据资产授权运营机制 ... 18
1.3.1　公共数据资产授权运营机制概述 ... 18
1.3.2　公共数据资产授权运营机制现状 ... 18
1.3.3　公共数据资产授权运营策略 ... 19

第2章　公共数据资产授权运营环境 ... 23

2.1　公共数据资产授权运营法律环境 ... 24
2.1.1　公共数据资产授权运营法律制度 ... 24
2.1.2　公共数据资产授权运营产权制度 ... 35

2.2　数据资产流通交易规则 ... 39
2.2.1　数据资产流通规则 ... 39
2.2.2　数据资产交易规则 ... 42
2.2.3　数据要素收益分配规则 ... 44

2.3　公共数据资产授权运营生态环境 ... 46
2.3.1　公共数据资产授权运营的政策环境 ... 47
2.3.2　公共数据资产授权运营的技术环境 ... 51
2.3.3　公共数据资产授权运营的市场环境 ... 53
2.3.4　公共数据资产授权运营的社会环境 ... 55

第 3 章 公共数据资产授权运营过程..59

3.1 公共数据资产授权..60
- 3.1.1 公共数据资产授权的含义..60
- 3.1.2 公共数据资产授权的必要性..61
- 3.1.3 公共数据资产授权形式..63
- 3.1.4 公共数据资产授权程序..64
- 3.1.5 公共数据资产申请授权条件..66

3.2 公共数据资产流通..69
- 3.2.1 公共数据资产流通的含义..69
- 3.2.2 公共数据资产流通方式..70
- 3.2.3 公共数据资产的流通路径..74
- 3.2.4 公共数据资产流通面临的挑战..77

3.3 公共数据资产应用..79
- 3.3.1 公共数据资产应用的含义..79
- 3.3.2 公共数据资产应用的可行性..79
- 3.3.3 公共数据资产应用的作用..80
- 3.3.4 公共数据资产的应用领域..81
- 3.3.5 公共数据资产的具体应用场景..82

3.4 公共数据资产授权运营监管..88
- 3.4.1 公共数据资产授权运营监管的含义..88
- 3.4.2 公共数据资产授权运营监管的主要内容..90
- 3.4.3 公共数据资产授权运营监管安全责任..91
- 3.4.4 公共数据资产授权运营监管法律责任..93
- 3.4.5 公共数据资产授权运营监管措施..93

第 4 章 公共数据资产授权运营模式与案例..97

4.1 公共数据资产授权运营模式..98
- 4.1.1 公共数据资产授权运营模式的含义..98
- 4.1.2 公共数据资产授权运营规范性要求..106
- 4.1.3 公共数据资产授权运营模式多样性..108
- 4.1.4 公共数据资产授权运营典型模式分析..113

4.2 公共数据资产授权运营案例分析..116
- 4.2.1 北京模式..116
- 4.2.2 海南模式..118

	4.2.3 济南模式	121
	4.2.4 贵州模式	125
	4.2.5 江苏模式	126
	4.2.6 浙江模式	127

第 5 章 公共数据资产授权运营评价 ... 129

5.1 公共数据资产授权运营评价的概念 ... 130
- 5.1.1 公共数据资产授权运营评价的含义 ... 130
- 5.1.2 公共数据资产授权运营评价要求 ... 132
- 5.1.3 公共数据资产授权运营评价的关注点 ... 133
- 5.1.4 公共数据资产授权运营评价操作步骤 ... 135
- 5.1.5 公共数据资产授权运营评价意义 ... 137

5.2 公共数据资产授权运营评价内容 ... 138
- 5.2.1 评价目的 ... 139
- 5.2.2 评价原则 ... 139
- 5.2.3 评价依据 ... 139
- 5.2.4 评价主要内容 ... 140

5.3 公共数据资产授权运营评价实施方案 ... 146
- 5.3.1 评价实施方案内容 ... 147
- 5.3.2 评价指标体系设计 ... 149

5.4 公共数据资产授权运营评价实施 ... 151
- 5.4.1 评价方法 ... 151
- 5.4.2 运营资料核实 ... 152
- 5.4.3 评价环节 ... 153

5.5 公共数据资产授权运营案例 ... 155

第 6 章 公共数据资产授权运营的挑战与建议 ... 167

6.1 公共数据资产授权运营的挑战 ... 168
6.2 应对公共数据资产授权运营挑战的建议 ... 172

参考文献 ... 176

第 1 章

公共数据资产授权运营导论

公共数据资产授权运营是公共数据资产开发利用的重要途径，也是实现公共数据资产价值化、资本化的重要手段。本章内容包括公共数据资产及其授权运营的概念，公共数据资产授权运营需要具备的要素，如授权主体、运营主体、运营流程、平台以及运营模式等，最后探讨了公共数据资产的授权运营机制。

1.1　公共数据资产授权运营概述

1.1.1　公共数据资产的概念

1. 公共数据及公共数据资产

在中央政策文件中，"公共数据"的表述较早出现在 2015 年国务院发布的《促进大数据发展行动纲要》中，与之相对应的还存在"公共机构数据""政府数据"等表述。在此后发布的中央政策文件中，"政务信息""政务数据""公共信息资源""政府数据"等相关表述与"公共数据"始终并行。从地方政策文件来看，关于"公共数据"的定义也未形成统一，具体内容如表 1-1 所示。

表 1-1　地方政策文件中关于"公共数据"的定义及依据

公布时间	定义依据	政策文件及具体内容
2019 年 8 月	根据"持有主体""产生来源"两个维度界定	《上海市公共数据开放暂行办法》 公共数据指："本市各级行政机关以及履行公共管理和服务职能的事业单位在依法履职过程中，采集和产生的各类数据资源。"
2021 年 1 月	根据性质界定	《北京市公共数据管理办法》 公共数据指："本市各级行政机关和公共服务单位在履行职责和提供服务过程中获取和制作的，以电子化等形式记录和保存的数据"
2021 年 7 月	根据"持有主体""产生来源"两个维度界定	《深圳经济特区数据条例》 公共数据指："公共管理和服务机构在依法履行公共管理职责或者提供公共服务过程中产生、处理的数据。"
2022 年 10 月		《苏州市数据条例》 公共数据指："本市国家机关，法律、法规授权的具有管理公共事务职能的组织，以及其他提供公共服务的组织在履行法定职责、提供公共服务过程中产生、收集的数据。"

续表

公布时间	定义依据	政策文件及具体内容
2022年1月	对主体范围细化明确	《浙江省公共数据条例》 公共数据指："本省国家机关、法律法规规章授权的具有管理公共事务职能的组织以及供水、供电、供气、公共交通等公共服务运营单位，在依法履行职责或者提供公共服务过程中收集、产生的数据。"

2021年，《中华人民共和国国民经济和社会发展第十四个五年规划和2035年远景目标纲要》要求探索将公共数据服务纳入公共服务体系，提出开展政府数据授权运营试点。自此，"公共数据"与"政府数据"的表述和用法基本确定，而"公共信息""政务信息"等表述出现的频次逐渐下降，在此后正式的文件中已经较少使用。2022年发布的《中共中央、国务院关于构建数据基础制度更好发挥数据要素作用的意见》（以下简称"数据二十条"）指出公共数据是各级党政机关、企事业单位依法履职或提供公共服务过程中产生的公共数据。自此公共数据的概念基本确立，可将其概括为：由数据开放主体（主要是指国家机关、法律法规授权的具有管理公共事务职能的组织以及公共事业授权运营单位）在依法履职过程中采集和产生的、以电子化形式记录和保存的各类数据资源，包括但不限于行政机关、公共事业授权运营单位等在履行职责或提供服务过程中产生的数据。因此，公共数据涵盖政务数据和公共服务数据两大类，政务数据是由国家机关和法律法规授权的组织在履行法定职责时收集、制作的数据，以及涉及公共管理事务的数据；公共服务数据则来源于公共企事业授权运营单位在提供公共服务过程中收集、制作的涉及公共利益的数据。

根据公共数据的定义可以归纳总结出其特性，首先，公共数据是公开、透明的，任何人都可以在符合相关规定的条件下自由地获取和使用；其次，公共数据是可重复、可验证的，任何人都可以验证其真实性和准确性；最后，公共数据具有价值创造性，作为互联网时代的重要资产之一，可以为社会创造价值，推动科学研究、工业生产和公共服务等领域的发展。2023年12月31日，财政部发布的《关于加强数据资产管理的指导意见》明确指出"鼓励各级党政机关、企事业单位等经依法授权具有公共事务管理和公共服务职能的组织将其依法履职或提供公共服务过程中持有或控制的，预期能够产生管理服务潜力或带来经济利益流入的公共数据资源，作为公共数据资产纳入资产管理范畴"。因此，可以将公共数据资产定义为特定主体通过合法途径拥有或控制，能够带来经济利益，并在特定条件下实现其经济价值的数据集合。

由于公共数据和公共数据资产时常出现在各类文献和研究报告中，且本书主要论述的是公共数据资产，但在论述具体内容时，会涉及公共数据、数据资源或者数据等用词，因此，这里明确本书论述的对象为公共数据资产，如果用到数据资源、公共数据或者数据等词，也是指公共资产化了的数据资源、公共数据或数据。

2. 公共数据资产的特征

公共数据资产具有非竞争性、非排他性、非消耗性、价值不确定性、时效性等特点。不同于传统资产，公共数据资产不因使用而产生消耗，反而可能随使用次数的增加和范围的扩大而呈现出价值增值现象，在同一时间可以供不同的使用者使用。同样地，公共数据资产也会因不同的使用者及场景，表现出不同的价值。此外，公共数据资产的时效性使其价值呈现不确定性，随着时间变化可能增值、减值或不再具有价值。除上述特征外，公共数据资产还具有较强的特殊性，具体体现在如下几点。

（1）**多方主体参与，开放性与共享性共存**。

公共数据资产涉及多方主体参与，政府部门自身产生的数据、自然人、法人及非法人组织等提供的数据、自然资源等客体数据共同丰富了公共数据资产的内容。我国相关法律规定，公共数据要实现对外开放，尤其是基础的民生保障数据，要取之于民用之于民。同时，个人、企业等有义务配合政府的管理工作，向政府部门提供相关数据。虽然数据开放的主体是政府部门，但是政府部门自身的数据开放则需要通过其他部门的数据共享来实现，这体现了公共数据资产的开放性与共享性共存的特点。

（2）**多元价值融合，政治、经济、社会价值并重**。

公共数据资产开发利用需要体现政府机构的行政效益、市场部门的经济效益及社会组织的社会效益。公共数据的价值体现形式依赖于不同的使用场景，其在政治、经济和社会各个方面都有应用。从宏观层面看，体现公共数据资产的政治价值需要政府部门发挥数据治理功能，实现现代化和数字化政府治理，服务国家改革发展；从中观层面看，公共数据为政府部门的行业政策制定、行业管理提供决策参考，助力行业的结构调整和优化布局，其经济价值得以体现；从微观层面看，公共数据在企业市场拓展、经营管理和内部治理中提供业务指导，助力企业发展，同时，公共数据为居民享受高效率乃至定制化的政务服务提供了基础数据支撑，其社会价值得以体现。

（3）**多源性，数据可以来源于不同的主体**。

公共数据资产在采集、存储、使用、加工、传输、提供和开放等处理过程中涉及多元主体，如政府、企事业单位、社会组织团体、法人及自然人等，甚至是来源于罚没、捐赠等方式，这种多源性使得公共数据资产以分散、开集、变动、多样、海量的状态存在。

（4）权威性，规范获取和科学管理使数据资产具有可靠性和有效性。

公共数据资产通常由公共机构或政府部门在履职或者提供服务过程中取得，获取过程有合规的流程，采取、存储、使用等需要遵循特定的规章制度，以保证数据的合规和有效；同时，数据的管理遵循规范的管理制度，数据持有、加工和运营由专业的机构进行，操作流程合理规范，一定程度上保证了数据的权威性，大大增强了公共数据资产的认可度和公信力。

（5）稀缺性，细分领域数据限制在特定的范围内。

尽管公共数据资产具有海量特性，但公共数据资产涉及政府履职和提供服务的各个方面，每个专业领域都有专业的数据类型。实施公共数据资产分类分级是将数据限制在一定的范围之内，保证其专业性，所以相对于其他类型数据，特定的专业数据或信息可能相对稀缺，尤其是细分领域的数据具有稀缺性。

（6）敏感性，数据的存储使用需要专业的规范和保护。

公共数据资产涉及整个社会生产和生活，它是由一个一个微观的数据单元构成的。这些数据单元既可以是个人的隐私信息，也可以是企业的商业机密，还可以是涉及公共利益或者国家利益的信息，这部分信息往往较为敏感，需要妥善处理，因此需要特别保护和谨慎处理。

综上所述，与一般企业数据或者个人数据相比，公共数据资产的特点决定了其在国民经济和社会发展中具有基础性、关键性和支撑性作用，它能够稳定整个数据要素市场，是数据要素市场培育和建设的关键环节。

3. 公共数据资产的分类

（1）按照公共数据资产共享开放程度分类。

根据共享开放程度，公共数据资产可以分为无限制使用的数据、授权使用的数据和禁止使用的数据。无限制使用的数据又称无条件共享类数据或普遍公开的数据，是指任何组织和个人都可以基于公共数据的使用目标不受限制地获取和使用公共数据；授权使用的数据又称有条件共享类数据或受限开放的数据，是指数据内容较为敏感，对开放主体、开放流程有要求或限制的数据类型；禁止使用的数据是指不予共享开放的数据。

（2）按照公共数据资产来源主体分类。

根据来源主体，公共数据资产主要包含五种类型：一是政务数据，即政务部门依法履职过程中采集、获取的数据；二是具有公共职能的公共企事业单位，在提供公共服务和公共管理过程中产生、收集、掌握的各类数据资源，如教育医疗数据、水电煤气数据、通信业务数据、民航铁路数据等；三是由政府资金资助的专业组织在公共利益领域内收集、获取的具有公共价值的数据，如基础科学研究数据；四是具有公共管理和服务性质的社会团体掌握的与重大公共利益相关的数据；五是涉及公共服务领域的其他数据，如其他社会组织和个人利用公共资源或公共权利，在提供公共服务过程中收集、产生的涉及公共利益的数据。

（3）按照公共数据资产的数据类型分类。

根据数据类型，公共数据资产可以分为自然人类公共数据资产、法人类公共数据资产、信用类公共数据资产、自然地理类公共数据资产、感知类公共数据资产、统计类公共数据资产等，其分类情况如表1-2所示。

表1-2 公共数据资产的数据类型分类情况表

公共数据资产类型	来源	公共数据元
自然人类公共数据资产	公安部、民政部、人力与社会保障部等部门	自然人基本信息、资产信息、社会活动、荣誉资质、涉事涉法等类数据的定义与属性，具体包括姓名、民族、证件号码、婚姻状况、文化程度、从业状况等公共数据元
法人类公共数据资产	市场监督管理总局、发展和改革委员会、工业和信息化部等部门	法人基本信息、资本与资产、许可、资质与荣誉、纳税、参保与缴费、生产经营、行政执法、司法信息、信用评价等类数据的定义与属性，具体包括统一社会信用代码、法人名称、住所、营业收入、许可编号、资质等级等公共数据元
信用类公共数据资产	发展和改革委员会、市场监督管理总局、财政部等部门	自然人信用信息、企业信用信息、社会组织信用信息、事业单位信用信息、政府机构信用信息、特征人群及领域信用信息等类数据的定义与属性，具体包括荣誉类型、评价等级、舆情内容、列入经营异常名录原因、行政处罚决定书文号、司法案件案号等公共数据元
自然地理类公共数据资产	自然资源部、生态环境部、气象局等部门	基础地理信息、地质信息、土地信息、覆被信息、海洋信息、生态环境信息、气象灾害信息等类数据的定义与属性，具体包括联系地址、经度、纬度、空间坐标系、地面分辨率、地理标识符、气温、场所用途等公共数据元
感知类公共数据资产	地震局、气象局、国家航天局、公安部等部门	感知采集信息、感知设备信息等类数据的定义与属性，具体包括感知对象、数据传送方式、数据摘要、设备参数、技术特征信息等公共数据元

续表

公共数据资产类型	来源	公共数据元
统计类公共数据资产	国家统计局、工业和信息化部等部门	统计指标信息、统计制度信息、统计目录信息、统计报表信息等类数据的定义与属性,具体包括指标名称、指标编码、统计周期、统计时间、指标数据值、统计层级、统计模型等公共数据元

4. 公共数据资产的作用

我国的公共数据资产存量和规模庞大,种类齐全,内容涉及社会经济生活的方方面面,蕴藏着巨大的政治、经济、社会、文化和生态价值。政治价值方面,利用公共数据资产能够提高行政效率、改善公共服务、促进服务创新、推动科学决策、优化社会治理能力;经济价值方面,利用公共数据资产可赋能金融、医疗、交通、工业、农业等具体行业领域,提高相关产业的生产效率,优化资源配置,促进经济增长;社会价值方面,利用公共数据资产可帮助改善民生,包括完善交通、法治、公共卫生、食品安全等等;文化价值方面,利用公共数据资产可以为科学研究提供更多参考数据和资料,促进科学研究的发展;生态价值方面,利用公共数据资产可为保护环境和节约能源资源提供更优策略。

因此,充分挖掘公共数据资产的价值是我国数据要素市场培育的关键突破口,对数字经济发展与"数字中国"建设具有重大意义。"数据二十条"按照公共数据、企业数据、个人数据的分类思路提出了"推进数据分类分级确权授权使用和市场化流通交易"的要求。与企业数据和个人数据相比,公共数据的产生过程、管理方式、内容特点等,使其在数据流通和开发利用方面具备更多优势,为我国数据要素市场的培育奠定了坚实的基础。从数据产生过程来看,公共数据资产是政府和公共部门在履职过程中通过法定程序向特定主体获得的,这种产生方式使得公共数据资产天然具有公共性、非隐私性、非独占性,因此,公共数据资产在开发利用过程中面临的争议较小。从数据管理方式来看,公共数据资产的持有主体是政府和公共部门,相较于企业数据的持有主体往往涉及多方复杂的股权归属和经营业务往来,其涉及的管理主体明确且单一,确权授权路径更加明确。

此外,政府和公共部门具有政务和对社会公众服务的责任,履职过程中不以单一主体的经济收益为目标,这也让公共数据资产的开发利用面临的营收压力更小。从内容特点上来看,公共数据资产内容涉及整个社会的生产生活,相较于单一企业和单一个人为持有主体的数据来说,公共数据资产的规模更大，流动性更强，由于数据要素的价值本身具有规模报酬递增的特性，公共数据资产的规模效应可以进一步凸显。

综上所述，在企业数据的开发利用面临权属争议、个人数据的开发利用面临安全合规压力的情况下，公共数据资产权属范围清晰、管理相对规范、存储使用流程完善，更适合通过市场化运营的方式作为打开数据要素市场发展局面的突破口。

1.1.2 公共数据资产授权运营的概念

公共数据资产授权运营是指公共数据资产在得到授权许可的情况下，对公共数据进行经营管理的活动。公共数据资产必须在授权的情况下才能运营，如果没有得到授权，则不能进行运营活动，所以这里的运营是指授权运营。

公共数据授权运营在《中华人民共和国国民经济和社会发展第十四个五年规划和2035年远景目标纲要》中被正式提出，它是指政府数据授权运营试点，即授权特定的市场主体，在保障国家秘密、国家安全、社会公共利益、商业秘密、个人隐私和数据安全的前提下，开发利用政府部门掌握的与民生紧密相关、社会需求迫切、商业增值潜力显著的数据。2022年"数据二十条"针对公共数据提出了"确权授权机制"，随后各地积极推动公共数据资产授权运营，出台政策法规，并针对性地对特定公共数据资产开展授权运营实践。但有关公共数据资产授权运营的准确概念还未明确，因此这里从地方政策文件、专家学者报告等资料入手，进一步探究公共数据资产授权运营概念的界定。其中，部分地方政策文件中"公共数据资产授权运营"概念的界定如表1-3所示。

表1-3 部分地方政策文件中"公共数据资产授权运营"概念的界定

发布时间	地方政策文件	公共数据资产授权运营概念的界定
2023年12月5日	《北京市公共数据专区授权运营管理办法（试行）》	采取政府授权运营模式，选择具有技术能力和资源优势的企事业单位等主体对本市各级国家机关、经依法授权具有管理公共事务职能的组织在履行职责和提供公共服务过程中处理的各类数据进行加工处理，并向相关平台共享
2023年8月1日	《浙江省公共数据授权运营管理办法（试行）》	县级以上政府按程序依法授权法人或者非法人组织，对授权的公共数据进行加工处理，开发形成数据产品和服务，并向社会提供的行为

续表

发布时间	地方政策文件	公共数据资产授权运营概念的界定
2022年11月9日	《安徽省公共数据授权运营管理办法（试行）（征求意见稿）》	授权符合条件的企事业单位，在保障国家秘密、国家安全、社会公共利益、商业秘密、个人隐私和数据安全的前提下，依据法律法规、政策规定和本办法，对授权的公共数据进行加工处理，开发形成公共数据产品和服务，并向社会提供服务的活动
2022年12月2日	《四川省数据条例》	规定县级以上地方各级人民政府可以在保障国家秘密、国家安全、社会公共利益、商业秘密、个人隐私和数据安全的前提下，授权符合规定安全条件的法人或者非法人组织开发利用政务部门掌握的公共数据，并与授权运营单位签订授权运营协议
2023年12月18日	《青岛市公共数据管理办法》	授权运营单位应当依托公共数据运营平台，在保护个人隐私和确保公共数据安全的前提下，以模型、核验等形式向社会提供数据产品和服务
2023年12月12日	浙江省台州市地方标准（DB 3310/T 93—2024）《公共数据授权运营指南》	按照"原始数据不出域、数据可用不可见"的要求，在保护个人信息、商业秘密、保密商务信息和确保公共安全的前提下，授权运营单位对授权主体按程序依法授权的公共数据进行加工处理，开发形成数据产品并向社会提供服务获取合理收益的行为

同时，专家学者也对公共数据资产授权运营提出了诸多见解。张会平等（2021）认为，公共数据资产授权运营是指地方政府将各部门数据的市场化运营权（即政府数据使用权的交易权），集中授予本地一家国资企业，由该国资企业通过市场化服务方式，满足经济社会发展对政府数据的需求，同时实现政府数据资产的保值、增值。王伟玲（2022）认为政府数据授权运营，不同于以往政府将数据直接提供给数据使用单位，而是政府将数据作为国有资产授权给某个主体运营，以公共数据产品或服务的形式向社会提供。栾国春（2023）认为公共数据资产授权运营是一种颇具中国特色的公共数据开发利用方式，它指在公共数据开放基础上（以政府、企事业单位等提供数据服务为

主导），授权运营主体以全新的社会化、市场方式开发利用公共数据价值的机制。沈斌（2023）从法律的角度，认为公共数据授权运营以公物特别使用为法理基础，具有特许经营的法律属性；基于数据供给者的视角，公共数据授权运营的法律属性根据实践类型的不同表现为政府购买服务或国有资产运营。张会平、马太平和孙立爽（2022）认为授权运营是地方政府将数据市场化运营权集中授予国资企业，由该国资企业通过市场化服务方式满足经济社会发展对政府数据的需要，并实现政府数据资产保值与增值。中国软件评测中心在 2022 年 5 月 26 日发布的《公共数据运营模式研究报告》中提出，公共数据授权运营是经公共数据管理部门和其他相关信息主体授权的具有专业化运营能力的机构，在构建安全可控开发环境基础上，按照一定规则组织产业链上下游相关机构围绕公共数据进行加工处理、价值挖掘等运营活动，产生数据产品和服务的相关行为。肖卫兵（2023）指出，现阶段的政府数据授权运营是指为提高政府数据社会化开发利用水平，基于安全可控原则，允许政府委托可信市场主体将有条件开放类政府数据进行挖掘开发后成为数据产品和数据服务后有偿提供给社会使用的行为。吴亮（2023）指出，公共数据授权运营指政府将数据利用权交予社会以满足商业创新和公共服务需求，保留数据用益权以促进数据资产的保值增值，同时通过授权许可制度保护被授权主体的数据利用权益以及公共利益。

1.2 公共数据资产授权运营要素

1.2.1 公共数据资产授权运营的授权主体

公共数据资产授权运营的授权主体，是指有权将公共数据资产授权给其他组织进行运营的单位、组织或机构。在公共数据资产授权运营的场景中，该主体通常具有特定的角色和责任。

1. 授权主体的选择

公共数据资产授权运营的授权主体，即拥有授予公共数据资源的权利的单位、组织或机构。

从直观判断，授权方是掌握公共数据资产的主体，即政府中的相关单位或者部门；而从行业实践来看，授权方多为中央层面的垂直监管部门，授权主体相对明确。对于地方实践来说，各地对公共数据进行统筹管理的模式和进展各不相同，具体由哪一级政府、哪一个部门负责授权仍在探究和总结中。

随着各地数据管理部门成立或者职能职责的转隶调整，各地政务数据管理部门承担起公共数据资产管理的职能，履行数据统筹管理职责。按照授权主体的层级，地方政府有以下三种授权主体可以选择。

(1) 政府作为授权主体，由本级人民政府作为行政主体进行公共数据授权运营。

政府作为授权主体，通过地方性立法、数据授权协议等方式，授权单一主体承担该地区所有公共数据授权运营、加工等相关工作，这些工作一般包括公共数据基础设施、数据治理开发平台、数据授权运营管理平台等，该单一主体也负责统筹数据开发产业生态、拓展数据应用价值场景。例如，浙江省采取的是政府授权模式，贵州省在其政务数据管理办法中也规定采取政府授权模式，但与浙江省不同的是，其可以委托本级数据管理部门代为签署授权协议。

(2) 公共数据管理部门作为授权主体，由本级公共数据管理部门作为主体统一代表本级政府进行授权。

① 按照管理职能分类。数据采集与管理部门负责公共数据资产的采集、整合和初步处理，确保数据的准确性和完整性。数据安全与隐私保护部门负责确保公共数据资产的安全性和隐私性，防止数据泄露和非法访问。数据应用与服务部门负责公共数据的应用开发和服务，将数据转化为有价值的信息或者产品，满足社会和经济发展的需求。数据监管与合规部门负责监督公共数据资产的管理和使用，以及确认是否符合法律法规和政策要求，确保数据的合规性。

② 按照数据类型分类。政务数据管理部门负责管理政务部门在依法履职过程中采集和获取的各类数据，如政府公告、政策文件等。公共企事业单位数据资产管理部门负责管理公共企事业单位在提供公共服务和公共管理过程中产生和收集的数据，如水电煤气数据、交通通信数据等。社会团体和其他公共数据资产管理部门负责管理其他社会组织和个人在提供公共服务过程中产生的涉及公共利益的数据。

③ 按照地域层级分类。国家级公共数据资产管理部门负责全国范围内的公共数据资产管理和协调工作。省级公共数据管理部门负责本省内的公共数据资产管理和协调工作。市、县（区）级公共数据管理资产部门负责本市、县（区）内的公共数据资产管理和协调工作。这种分类方式有助于明确各部

门的职责和权限，提高公共数据资产管理的效率和效果，同时也有助于构建更加完善、高效的公共数据资产授权运营体系，推动公共数据资产的充分利用和价值释放。

（3）行业管理部门作为授权主体。

由行业管理部门对本行业公共数据进行授权，一般这种模式可以与公共数据管理部门授权模式混合，成为条块协同授权的模式，即公共数据管理部门授权之外，在涉及行业公共数据资源的时候还需要行业管理部门授权，例如安徽省采取的就是这种模式。

由此可见，公共数据资产授权主体的确定应该按照各省、市、县（区）的实际情况进行判断。

2. 授权主体选择模式

目前，国内尚未形成关于公共数据资产权属的统一界定，而授权主体的确认本质上反映了各地对于公共数据资产权属的考量。各地公共数据资产授权运营的授权主体主要包括地方政府、数据主管部门和数源部门等，授权模式大部分分为统一式授权和分散式授权两种。

（1）统一式授权。

① 由本级人民政府作为授权主体，这种授权模式以浙江省、四川省等地为代表。

② 由公共数据主管部门作为授权主体，这种授权模式以北京市、安徽省等地为代表。该模式侧重于数据统筹应用，有利于来自各部门的公共数据资产的融合，并容易在运营主体选拔、运营监管等方面保持制度、规则和操作手势上的一致，但这种模式对授权主体的公共数据资产统筹、汇聚能力要求较高，因此可能会出现公共数据资产的质量不高、能用性不强，大部分高价值的公共数据资产仍然滞留在数源部门，总体创新活力不足等问题。

（2）分散式授权。

① 强调数据来源。以深圳市福田区为代表，它们采取的是数源部门或数据主体（相关公共数据资产所指向的自然人、法人和非法人组织）"双授权"机制。

② 强调分类分级。以山东省济南市为代表，它们是由大数据主管部门作为综合授权和分类分级授权主体，数据提供单位作为分领域授权主体。本模式侧重于赋予数据提供方决定权，有利于提高各供给部门公共数据的治理能力和数据供给的主观能动性，快速积累多样性探索经验，但对于公共数据资

产的分类分级和权属界定具有较高要求，不利于跨部门数据融合应用，容易产生数据壁垒，也易造成与实际操作不一致的问题。

1.2.2 公共数据资产授权运营的运营主体

1. 运营主体的选择

公共数据资产得到授权后，由专业的机构和人员对公共数据进行运营，该专业机构和人员构成了公共数据授权运营的运营主体。无论授权的具体范围如何，授权运营的运营主体的核心职能始终是连接供需、促进公共数据在更广范围和更深程度的应用。从基本条件来看，企业的经营能力、信用状况、市场影响力、安全与合规保障水平均是筛选运营主体的门槛。承担数据加工使用职责的运营主体需要充分了解公共数据资产本身的特点，包含数据内容、来源、类型、质量等，并具备数据治理、加工、分析等的技术能力；承担数据产品经营职责的运营主体则需要充分了解不同行业和场景下的数据应用需求与现状，这往往要建立在运营主体对于相应行业也具有深入的业务理解的基础之上。

目前，全国范围内共有20多个省（自治区、直辖市）和国家相关部委成立了数据集团公司或数据授权运营公司，各地方各部门的公共数据资产授权运营的运营主体主要包括以下四种类型：地方国资企业［福建省大数据集团有限公司、上海数据集团有限公司、北京金融控股集团有限公司、云上贵州大数据（集团）有限公司、山西云时代技术有限公司、豫信电子科技集团有限公司、湖北数据集团有限公司、西藏高驰科技信息产业集团有限责任公司等］，国有全资企业［数字湖南有限公司、云南省数字经济产业投资集团有限公司、数字新疆产业投资（集团）有限公司等］，国有控股企业（金保信社保卡科技有限公司、数字浙江技术运营有限公司、数字海南有限公司、数字广东网络建设有限公司、数字安徽有限责任公司、数字江西科技有限公司、中国法治现代化研究院等）和混合所有制公司［陕西省大数据集团有限公司、数字新疆产业投资（集团）有限公司、吉林祥云公司、甘肃丝绸之路信息港股份有限公司等］。各公共数据资产运营主体的组建方式、安全可信度、技术能力具有一定的差异性，具体内容如表1-4所示。

表 1-4　各公共数据资产运营主体特点

运营主体	组建方式	安全可信度	技术能力
地方国资企业	地方政府全资建设	安全可信程度高，没有国有资产流失问题	技术能力方面较弱（常由下属子公司与技术能力强的社会公司合资合作获得技术支持）
国有全资企业	省政府投控平台与其他央国企合资建设（省政府投控平台控股51%，央国企控股49%）	安全可信程度高，没有国有资产流失问题	技术能力较弱
国有控股企业	省政府投控平台与民营高科技企业合资建设（省政府投控平台控股51%，民营高科技企业控股49%）	授权运营主体通常由省政府直接管理，保证了公司运营的安全可信度，但民营企业进入公共数据一级市场存在国有资产流失的隐患。相比地方国资和国有全资两种模式，安全可信度较低	技术能力较强（阿里巴巴、蚂蚁金融、科大讯飞、腾讯等民营高科技企业深度介入，充分保障企业的技术能力）
混合所有制公司	省级投控平台与其他社会资本共同投资建设（省级投控平台通常是控股股东）	公司股权关系复杂，安全可信度较低。同样，民营企业进入公共数据一级市场存在国有资产流失的隐患	技术能力较弱（省级投控平台的各股东单位通常缺乏人工智能、大数据等技术人才）

2. 运营主体的要求

为了全面保障公共数据授权运营的安全性、专业性和规范性，申请成为运营主体有一定的条件限制，满足基本条件才能成为授权运营的运营主体。

第一，具有稳定的经营状况与稳健的财务能力。申请组织需展现其长期稳定的经营能力和良好的财务表现，这不仅体现了组织在市场上的生存能力和竞争力，更为其进行公共数据授权运营提供了坚实的物质基础。同时，组织还需具备强大的可持续发展能力，包括对市场趋势的敏锐洞察、对技术创新的持续投入以及对社会责任的积极承担，以确保在公共数据授权运营领域能够持续贡献价值。

第二，数据应用专业能力是不可或缺的要素。申请组织需拥有全面的公共数据授权运营生产服务能力，这涵盖了从数据采集、处理、存储到分析、应用、可视化等各个环节。特别是数据处理与分析能力，需达到行业领先水平，并能够高效、准确地挖掘数据价值，为政府决策、社会治理和公共服务提供有力支持。此外，申请组织还需具备强大的安全保障能力，确保公共数据在传输、存储、使用过程中不被泄露、篡改或非法利用，维护数据安全和隐私。

第三，行业资质认证是专业能力的有力证明。申请组织需通过《数据管理能力成熟度评估模型》（以下简称 DCMM）、《数据安全能力成熟度模型》（以下简称 DSMM）等高级别资质认证并获得相应证书，这些认证不仅是对组织在数据管理、数据安全等方面专业能力的认可，也是其参与公共数据授权运营市场的必要条件。这些资质证书要求组织在数据管理、数据安全、数据质量、数据应用等方面达到一定标准，从而保障其在公共数据授权运营过程中的专业性和规范性。

第四，数据要素型企业认定是综合实力的体现。申请组织还需成为同级人民政府数据主管部门认定的数据要素型企业。这一认定过程将全面考察申请组织的业务模式、技术创新能力、社会价值等多个方面，确保其在公共数据授权运营领域具有高度的专业性和责任感。通过认定的组织将更有可能获得政府的信任和支持，从而在公共数据授权运营市场中占据有利地位。

第五，合规性是申请过程中不可忽视的一环。申请组织需严格遵守公共数据授权运营的各项规定要求，包括但不限于数据使用范围、期限、安全保障措施等方面的规定。这些规定旨在确保公共数据在授权运营过程中得到合法、合规的使用和管理，防止数据滥用和泄露等风险的发生。同时，对于曾因违法经营受到刑事处罚或严重行政处罚的组织，以及被列入失信被执行人、重大税收违法案件当事人名单和严重违法失信行为记录名单的组织，将一律禁止申请成为授权运营主体。这一措施旨在维护公共数据授权运营市场的良好秩序，促进市场健康发展，保障所有参与者的合法权益。

3. 运营主体选择模式

各地关于公共数据资产运营主体的选择模式，一定程度上反映了各地公共数据面向市场开放的程度。从各地实践情况来看，公共数据资产授权运营的运营主体选择模式，主要包括集中授权、二级授权和公开征集三种。

（1）集中授权模式。

以上海市、成都市等地区为代表，这些地区将公共数据资产集中授权给国有独资企业［省（自治区、直辖市）、市级数据集团］运营，运营中可融合社会数据，也可以将公共数据资产加工成产品和服务，进行市场交易。本模式相对比较保守，面向市场开放的是经过加工的公共数据产品和服务，有利于统筹监管，但在可用性、创新性方面可能会稍有欠缺。

（2）二级授权模式。

以福建省等地为代表，先将公共数据资产集中授权给国有独资企业［省（自治区、直辖市）、市级数据集团］运营，再由运营方依据特定领域和场景，分散授权给各类市场主体。例如，福建省大数据集团有限公司作为全省公共数据资源一级开发主体，虽然不拥有数据所有权，但在合规审核通过后，可与二级开发主体签订公共数据资产开发利用和安全保障协议，相关公共数据资产可用于协议约定的应用场景。本模式属于在统一环境下的分散式授权，为公共数据资产控制、释放创新活力、市场协同开发等提供了有利条件。

（3）公开征集模式。

以北京市、浙江省等地区为代表，围绕特定领域以公开发布征集需求的形式遴选运营主体。例如，杭州市通过公开征集模式确定了阿里健康为医疗健康领域的公共数据资产运营单位，授权运营期为 2 年；2024 年 1 月，又发布了围绕第二批领域征集公共数据资产运营主体的通告。该模式为市场提供了公共数据资产开发利用的直接空间，能够大幅提升公共数据的创新应用、激发市场的竞争力，但是在数据安全监管方面会带来较高的风险。

1.2.3 公共数据资产授权运营平台

1. 公共数据资产授权运营平台的概念

公共数据资产授权运营平台是指在保证公共数据"原始数据不出域、数据可用不可见"的条件下，通过可溯源授权、可靠供给、可信处理、可控服务与安全等技术，提供数据授权开发与运营全流程服务的技术平台。作为数据加工处理的平台，公共数据资产授权运营平台支持在数据资源、数据应用方面与现有相关平台对接以实现数据交换与应用，可对接的平台包括但不限于政务信息共享交换平台、水电气、公共交通等数据汇聚平台以及数据交易机构平台等。

2. 公共数据资产授权运营平台功能要求

中国信通院等于 2023 年编制的《公共数据授权运营平台功能要求》指出，公共数据资产授权运营平台主要涵盖授权运营管理、数据资源管理、数据产品服务、支撑服务等四大核心功能。授权运营管理保障公共数据资源的开发利用、合法合规和安全监管有据可循；数据资源管理保障公共数据资源的安全有效供给；数据产品服务保障数据的可信度和数据的加工使用，授权运营单位根据数据使用方的需求提供可控数据产品和服务；支撑服务保障数据安全、平台安全和全流程可监管、可记录、可追溯、可审计。

3. 公共数据资产授权运营平台建设

公共数据资产授权运营平台的建设目标是在安全合规前提下，为产业、社会提供高质量的公共数据生产资料和开发环境，重点解决有条件进行开放的数据在安全合规的前提下的开放途径、开放方式、利用价值层面等问题。作为政府主导组织建设的具有公信力的城市公共数据基础设施，平台强调公共服务职能，并同时具备一定的市场收费基础，属于政府准公益项目范畴。平台建设需在地方政府的发展和改革委员会进行立项，通常采取政府主导、企业投资的模式。准公益性项目一般由地方政府平台公司作为业主单位，负责项目整体出资、建设、运营和管理。该政府平台公司也即上述公共数据运营主体，通过特许经营方式完成政府公共数据基础设施的投资建设，经营期内通过使用者付费方式实现一定的市场化收益，从而反哺先期的建设投入和运营成本，运营期满后将平台资产移交给政府大数据主管部门。上述特许经营模式，在国内已具有广泛的实践基础。项目业主单位和投资模式决定了平台的资产归属，不同的资产归属方式会影响平台部署方式、公共数据供给方式、社会数据对接方式和数据产品流通方式。目前业界已形成大数据主管部门主导、大数据平台公司主导两种平台建设模式。

（1）大数据主管部门主导模式。在该模式中，大数据主管部门作为项目业主单位，由地方政府的财政预算出资，大数据主管部门或其设置的事业单位组织平台规划与建设，平台资产归属政府，大数据主管部门以提升政务云整体服务能力为目标。大数据主管部门委托具有专业能力的资质合格的国资平台公司进行平台运营。运营收入通过平台公司上缴地方财政。

（2）大数据平台公司主导模式。该模式下平台公司作为项目业主单位，出资组织建设、运营公共数据授权运营平台，平台资产归属于大数据平台公司。平台公司以公益服务为基础，聚焦公共数据运营商业价值，运营收益通过平台公司上缴地方财政。

平台建成后需围绕运营体系规划、平台应用运营、数据运营服务及平台安全运营四个方面构建平台运营方案，以提升平台使用效率，保障平台有序运转。运营体系规划包括搭建专业化运营队伍，明确各方角色职责及工作要求，规范组织工作模式及操作行为，制定运营管理相关规章制度，设计基于为业务赋能的"端到端"流程。

1.3 公共数据资产授权运营机制

1.3.1 公共数据资产授权运营机制概述

公共数据资产授权运营机制是指为实现公共数据的有效利用和价值最大化建立的一套系统化的管理和运作流程。该机制旨在确保公共数据的安全性、可靠性，并促进其高效流通与应用。

公共数据资产授权运营机制有以下几个关键要素。

（1）数据开放与共享：通过建立政务信息资源共享平台，推动政务信息资源的互联互通和共建共享。同时，鼓励拥有公共数据资产的国有企业等单位开发共享数据资源，实现数据资源的市场化运营。

（2）数据融合与整合：通过建立数据融合平台，实现不同数据源的数据融合，提高数据的整体价值和效益。

（3）数据治理与安全：通过加强数据安全技术和保护手段，确保数据资源的安全可靠。同时，建立数据资源管理与治理机制，推动数据的规范化管理和利用。

（4）数据应用与服务：推动数据资源的应用与开发，建立数据应用示范基地，促进数据应用的创新与发展。

（5）数据评价与监控：通过建立数据评价与监控体系，对数据资源的使用情况、价值挖掘情况等进行实时监测和评估。

（6）运营主体与授权：公共数据资产的授权运营的运营主体应具备相应的资质和能力。在选择运营主体时，应明确并公布选择标准，如数据安全保护能力、技术开发能力等，并通过招标、竞争性谈判等公开透明的竞选方式进行运营主体的选择。

1.3.2 公共数据资产授权运营机制现状

为推进实施公共数据资产授权运营，2020 年以来，北京市、上海市、广东省、贵州省等多个省（自治区、直辖市）接连开展了公共数据授权运营试点。贵州省与"云上贵州"共建公共数据平台；成都市搭建公共数据授权运营服务平台，探索利益反哺机制；海南省建设"数据产品超市"，鼓励市场主体参与公共数据资产市场化运营。各地公共数据资产授权运营实践案例虽在授权主体、授权数据类型等方面存在差异，但都取得了一些成果，如各地在授权运营工作的统筹管理上有一定的成效,明确了数据管理机构,提出了授权条件、运营模式、运营期限、退出机制和安全管理责任等,并进行数据资产开发、产品经营和技术服务的有益试点。然而,公共数据的开发利用绝非易事,试点城市普遍感到开发利用过程存在一定困难,进展较为缓慢。公共数据授权运营工作进展缓慢的主要原因在于尚未建立科学的公共数据资产授权运营机制,如数据质量的反馈机制、使用过程的追溯机制以及数据异议的处置机制尚未完全建立。公共数据授权运营的披露机制还处在探索阶段,如授权对象、内容、范围和时限等授权运营情况还没有完全公开,公共数据资产授权运营原则、授权模式、费用收取、安全及监督管理等基本问题尚未取得共识,致其发展受阻。

1.3.3 公共数据资产授权运营策略

1. 公共数据资产授权运营应当确保授权过程公平公开

作为实现数据资源共享与开放的重要途径,公共数据资产授权运营过程的公平性和公开性尤为重要,这不仅关系到数据资源的合理利用,更有助于维护市场公正、促进公平竞争。因此,公共数据授权运营过程是否公平、是否公开成为值得深入探讨的问题。公共数据资产授权运营的公开原则要求,在选择合适的第三方运营主体进行数据授权之前,必须明确并公布选择标准。这些标准应涵盖数据安全能力、技术开发能力等关键方面,确保运营主体具备足够的专业能力对公共数据资源进行有效开发和利用。通过招标、竞争性谈判等公开透明的竞选方式选择运营主体,不仅可以增加过程的透明度,还能提高整个授权过程的公信力。

同时,公共数据授权运营的公平原则,要求在选择运营主体时坚持平等的原则,不能因为申请主体的所有制、地域和组织形式等不同,对申请主体实施差别待遇。这就意味着,无论是国有企业还是民营企业,都应该按照一致的标准竞争,这样才能保证市场的多元化与活力。在数字经济环境下,贯彻落实公平原则,对激发市场主体创新积极性,推动数据资源广泛利用,具有十分重要的现实意义。

2. 公共数据授权可以选择"二元授权"模式

公共数据授权运营在实践中有统一式授权和分散式授权两种授权模式。前者是在一个行政区域的范围之内,只能由一个部门向外授权;后者是每一个掌握公共数据资源的部门都可以向外授权。"统一"的好处在于对外提供的数据面宽,同时也方便进行日常管理。"分散"的好处则在于能够调动各个部门的积极性，使其能够对自己部门内所掌握的公共数据进行充分的挖掘。

授权模式设计应秉承实事求是的原则，无论是统一式授权还是分散式授权，都要与当下的发展状况相适应。两种模式各有所长，若仅依照一种模式进行，在实践中亦会显露弊端，从而遇到较大阻力。因此，我国现阶段应采用"二元授权"模式，以实现统一式授权与分散式授权模式优势的平衡与融合。这意味着，一方面，数据主管部门要承担起统筹协调的责任，制定统一的数据授权政策与标准，保证公共数据资源的统筹规划与高效利用；另一方面，鼓励有条件的部门按照统一的政策与规范，开展自主授权活动，发挥各自在特定数据领域的专长与技术优势，促进公共数据资源的深度挖掘与创新应用。实施"二元授权"模式需要建立有效的协调与沟通机制，以保证数据授权活动具有高度的一致性与协调性，同时还可以充分调动各部门的积极性，激发部门的创造性。

3. 公共数据授权运营需要收取适当成本费用

公共数据授权运营收取适当成本费用不仅为公共数据的归集、整理与应用提供了正向的经济激励，还为维护和共享这些宝贵的数据资源提供了经济保障。一方面，通过向运营单位收取成本费用，公共数据管理部门能够获得必要的资金支持，从而更加积极主动地投入公共数据的归集、整理和应用工作中。这种经济激励机制有利于深度挖掘和高效利用公共数据资源，促进公共数据的价值最大化，进而为社会经济发展提供更为丰富的信息支持和决策依据；另一方面，公共数据的维护、共享和存储无疑需要承担高昂的成本。随着数据量的日益增加，相关的技术更新、系统维护、安全防护等方面的成本也会持续上升。

在此背景下，对公共数据资源进行收费，既能对公共数据管理部门进行经济补偿，又能有效地保证公共数据资源的持续经营与管理。这一经济机制可以促进公共数据资源管理与使用的规范化与系统化，避免因经费不足造成数据资源管理与服务质量下降。最后，收取的成本费用应涵盖公共数据管理部门管理与维持数据所需之费用。该收费标准应当公开、透明、公正，在保障公共数据资源管理可持续发展的同时，避免给使用者带来过大的经济负担，从而实现公共数据开放共享的初衷与目的。

4. 公共数据授权运营应当守住安全底线

随着数据要素应用的快速发展，数据安全问题逐渐成为国家安全和社会稳定的重要组成部分。《中华人民共和国数据安全法》和《中华人民共和国个人信息保护法》的颁布实施，标志着中国在数据安全和个人信息保护方面建立了更加严格的法律框架，彰显了国家对数据安全的高度重视。因此，在公共数据授权运营的过程中，安全底线的维护必须被置于首要位置，这不仅是保护公众利益，还是对国家安全负责。

公共数据涉及范围广泛，包含了国家安全、商业秘密以及个人隐私等多个方面，其安全性的确保尤为关键。在公共数据授权运营过程中，必须遵循严格的数据安全原则，确保数据的使用和开放既能促进社会经济发展，又不会威胁到国家安全和公民的合法权益。这要求授权运营方在数据处理、存储、传输和使用等各个环节中，均严格按照国家关于数据安全的法律法规进行，特别是要坚持"原始数据不出域，数据可用不可见"的原则，确保数据在开放利用的同时，不泄露敏感信息，保障数据使用的合法性和安全性。

此外，公共数据授权运营还应建立完善的数据安全管理体系，包括但不限于数据分类分级制度、数据访问和控制机制、数据加密技术的应用等，以及对数据使用过程中可能出现的安全风险及时进行识别、评估和应对。同时，加强对数据使用主体的监管和指导，增强其数据安全意识和能力，是确保公共数据安全的另一重要措施。

5. 公共数据授权运营应加强过程监管

公共数据资产作为一种公共利益的载体，在授权运营后仍需相关部门进行监管，以保证其合法性与合规性。首先，要强化过程监管，关键是建立完善的监管机制。公共数据的主管部门应根据公共数据的特点、应用范围，组织专家委员会等专业机构对授权运营过程进行评估与监督。由此，才可以保证公共数据的开发与利用既能符合市场需求，又能满足数据安全与隐私保护的需要。专家委员会还应在此基础上为授权运营主体优化数据应用场景，提升公共数据使用效率与价值。

监管要覆盖整个数据交易过程。在公共数据交易过程中，相关部门必须严格监管授权运营主体和交易对象之间的交易行为，保证交易过程的透明、公平，防止数据被非法获取和滥用。这种监管既能维护市场秩序，又能保证数据的安全、合法使用。最后，对于违反授权协议或触及数据安全底线的行为，相关部门应采取强制措施，包括解除授权协议，重启授权，甚至追究民事、行政和刑事责任等。完善有效的处罚机制可以有效遏制违法行为，保障公共数据安全与公共利益。

综上所述，公共数据授权运营已经成为国家培育数据要素市场的重要抓手，其发展前景广阔。目前，社会各界正在大力推动公共数据的共享开发和利用，这将加速释放公共数据的价值。相关政策法规体系正在加速健全，国家政策文件正在细化落地，地方制度持续迭代、不断优化。公共数据资产授权运营模式也在加速形成，授权运营模式更加多元，授权运营制度更加规范，授权运营生态图谱更加丰富。价值共创机制越来越明确，场景牵引价值释放成为共识，公共数据和社会数据进行融合应用，市场在数据产品交易定价中的决定性作用凸显。同时，安全可信坏境正在加速构建，安全管理制度和安全可信平台也在加速构建，数据安全和隐私保护技术得到广泛应用。

在推动公共数据资产授权运营方面，需要确保公共数据资源的有效供给和有序开发利用，并确保数据要素市场的繁荣发展。同时，也需要确保数据的安全和数据要素市场各方的利益。而随着技术的不断进步和政策环境的逐步完善，我国公共数据资产授权运营将迎来更大的发展空间。未来，公共数据资产授权运营将更加注重数据的整合、分析和应用，以提供更加精准、高效的服务。公共数据将与社会数据更加紧密地融合，形成更加丰富和多元的数据生态，这将有助于推动数字经济的发展，提升社会治理水平。

第 2 章

公共数据资产授权运营环境

公共数据资产授权运营是一项系统工程，需要较为完善的市场环境、生态环境和其他环境，不仅包括与数据资产授权运营直接相关的法律环境、流通交易规则等，还包括与授权运营配套的生态环境（如政策环境、技术环境、市场环境和社会环境）等。

2.1 公共数据资产授权运营法律环境

2.1.1 公共数据资产授权运营法律制度

1. 国家层面相关法律法规

保障数据安全性是实现数据授权运营的前提条件。近年来，我国陆续出台了一系列法律法规，为公共数据资产授权运营提供了坚实的制度基础。

自 2016 年《中华人民共和国网络安全法》（以下简称《网络安全法》）施行以来，中国的网络空间安全得到了有效保护。2020 年，国家明确将数据定位为一种生产要素，并提出要加快培育数据要素市场。随后出台的《中华人民共和国数据安全法》和《关键信息基础设施安全保护条例》等法律法规，都包含了支持和促进数据要素流转的相关条款。2021 年《中华人民共和国数据安全法》和《中华人民共和国个人信息保护法》的出台，进一步加强了数据安全和个人信息保护的法律基础。这些法律的实施为政府数据授权运营提供了坚实的法律支撑，确保了数据开放和利用过程中的安全与合规性。从国家层面来看，数据立法显现出对数据要素流转逐渐重视的趋势。

在这种趋势下，目前我国在国家层面的数据法律制度已经构建了以《中华人民共和国数据安全法》和《中华人民共和国个人信息保护法》为基础，特定行业或领域数据法律法规文件为支撑的结构体系。该体系的建立，不仅为政府公共数据授权运营提供了法律保障，也为整个数据要素市场的健康发展奠定了坚实的基础。

（1）《中华人民共和国数据安全法》相关内容。

《中华人民共和国数据安全法》（以下简称《数据安全法》）于 2021 年 6 月 10 日经第十三届全国人大常委会第二十九次会议审议通过，并自 2021 年 9 月 1 日起正式实施，共分为七章五十五条。

面对当前复杂的数据环境，《数据安全法》的发布为数据安全和持续发展提供了坚实的支撑。该法律明确了我国在数据管理上的理念、指导原则和运作机制。在行业组织监管方面，要求行业组织制定安全行为规范，加强自律，指导会员加强数据安全保护。在数据出口管制和分级制度方面，规定了数据的分级与管制，强调了对重要数据的保护和域外流动规则。在数据领域的反制裁方面，明确了我国在数据领域可以采取反制裁措施，扩大了反制裁的对象范围。在政府数据开放方面，推动政务数据开放利用，但在实际操作中仍存在挑战。《数据安全法》具体内容包括：

① 明确提出制定行业内数据保护规范。

《数据安全法》的总则部分明确了法律的适用范围，并对各行业行政监管机构提出了制定各自领域数据保护标准的任务。此外，公安机关和国家安全机关需承担起数据安全监管的职责，同时由国家网信部门负责整体协调与监管工作。

② 要求制定数字经济发展规划。

《数据安全法》第二章数据安全与发展要点中，明确省级以上人民政府负责制定数字经济发展规划，国家主管部门制定相关标准和体系。

③ 强化数据安全保护。

《数据安全法》第三章涉及数据分类分级保护制度、重要数据目录的针对性保护，数据安全评估、报告、信息共享、监测预警机制，数据安全应急处置机制、数据安全审查制度和数据进出口管制等。

④ 关注数据出境安全。

《数据安全法》第三十一条规定了关键信息基础设施运营者在中国境内收集和生成的重要数据的出境安全管理，即应遵循《网络安全法》的相关条款；对于非关键信息基础设施的数据处理者在中国境内收集和生成的重要数据的出境安全管理，则由国家网信部门联合国务院相关部门制定具体办法。这一规定实质上明确了中国境内关键数据存储的基本要求，并允许在完成"安全评估"后进行数据的跨境传输。

⑤ 高效安全利用政务数据。

在数据安全的前提下，《数据安全法》规定政务数据应以公开为主，不公开为辅。针对政务数据共享的难题（如不愿、不敢或不会共享），该法律要求建立国家级政务数据共享平台，并通过共享目录来解决数据分散和协作信任问题。

(2)《中华人民共和国个人信息保护法》相关内容。

《中华人民共和国个人信息保护法》（以下简称《个人信息保护法》）于 2021 年 8 月 20 日经全国人大常委会第三十次会议审议通过，并自 2021 年 11 月 1 日起正式实施，共分为八章七十四条。

该法第一条明确指出立法的目的："为了保护个人信息权益，规范个人信息处理活动，促进个人信息合理利用，根据宪法，制定本法。"这体现了个人信息保护的权利是基于宪法的,其中《中华人民共和国宪法》规定:"国家尊重和保障人权""中华人民共和国公民的人格尊严不受侵犯。禁止用任何方法对公民进行侮辱、诽谤和诬告陷害""中华人民共和国公民的通信自由和通信秘密受法律的保护,除因国家安全或者追查刑事犯罪的需要,由公安机关或者检察机关依照法律规定的程序对通信进行检查外,任何组织或者个人不得以任何理由侵犯公民的通信自由和通信秘密"。《个人信息保护法》采取了综合性通用立法模式,覆盖了所有行业,包括国家机关在内的所有个人信息处理者都应遵守本法规定。在数字化转型的大背景下,政府作为数据处理的核心枢纽,依法依规处理个人信息,体现了政府在数字时代遵循法治理念的决心。

① 完善"个人信息"定义。

根据《个人信息保护法》第四条的规定,个人信息指的是以电子形式或者其他方式记录的,与一个已经被识别或可以被识别的自然人相关的各种信息。该法律明确指出,经过匿名化处理的信息不被视为个人信息,因此不受《个人信息保护法》的保护。这一定义在《中华人民共和国民法典》和《网络安全法》中对个人信息的理解基础上进行了扩展。

② 确立个人信息处理基本原则。

《个人信息保护法》第六条确立了个人信息处理的基本原则,要求处理个人信息必须有明确和合理的目的,并且处理活动必须与该目的直接相关,采取对个人权益影响最小的方法。同时,收集个人信息应当限定在实现处理目的所必需的最小范围内,禁止超出此范围的过度收集。这确立了个人信息处理的基本原则,包括合法性、正当性、必要性和诚信性,以及最小范围原则和公开透明原则,确保个人信息的收集和使用严格限定在为实现处理目的所必需的最小范围内。

③ 确立"告知—知情—同意"的处理规则。

《个人信息保护法》第十四条明确规定:"基于个人同意处理个人信息的,该同意应当由个人在充分知情的前提下自愿、明确作出。法律、行政法规规定处理个人信息应当取得个人单独同意或者书面同意的,从其规定。"这一规则确保了个人信息处理的透明性和对人格尊严的尊重。

④ 明确个人敏感信息定义。

《个人信息保护法》第二十八条明确了个人敏感信息的范围,这些信息一旦被泄露或非法使用,可能导致个人的尊严受损或人身、财产安全面临风险。敏感的个人信息包括但不限于生物识别信息、宗教信仰、特定身份标识、医疗健康数据、金融账户信息、行踪轨迹,以及十四岁以下未成年人的个人信息。该条中也对个人敏感信息限定了严格的使用约束,个人敏感信息只有在必须使用和有特定目的的情况下,在经过相关人的单独同意和经过保护后方可使用。

⑤ 强调自动化决策透明公开。

《个人信息保护法》第二十四条对自动化决策进行了规范:"个人信息处理者利用个人信息进行自动化决策,应当保证决策的透明度和结果公平、公正,不得对个人在交易价格等交易条件上实行不合理的差别待遇。"即要求决策过程必须公开、公正,禁止对交易条件实施不公正的歧视性待遇,提供非定制化的选项,同时允许个人对自动化决策结果提出疑问。

⑥ 设立个人信息出境"保护网"。

《个人信息保护法》第三十八条确立了个人信息跨境传输的基本原则,要求在进行个人信息的跨境传输时,必须符合安全评估、个人信息保护认证、标准合同条款或满足法律设定的其他条件。

⑦ 确立个人信息处理活动七项基本权利。

《个人信息保护法》规定了个人在个人信息处理过程中拥有的七项基本权利:知情同意权、决定权、查阅复制权、个人信息可携带权、更正补充权、删除权和规则解释权。

⑧ 夯实互联网平台责任。

《个人信息保护法》专门指出了互联网平台作为"守门人"的职责,要求这些平台履行建立和完善个人信息保护的合规体系,设立独立的监督机构,以及制定公正的平台规则等义务。

⑨ 确立个人信息处理者侵权责任的过错推定。

《个人信息保护法》第六十九条规定个人信息处理者在处理个人信息过程中,如果侵害了个人信息权益并造成了损害,且处理者不能证明自己无过错,则应当承担相应的损害赔偿等侵权责任。这一规定通过强化处理者的责任,提高了对个人信息权益保护的力度,确保了个人权益不受侵害。

(3)《中华人民共和国网络安全法》相关内容。

《网络安全法》是中国为强化网络安全管理、确保网络空间安全、维护国家主权与安全、保护公民及组织合法权益而制定的基本法律。该法于2016年11月7日经第十二届全国人大常委会第二十四次会议审议通过,自2017年6月1日起生效,共分为七章七十九条。

该法是我国第一部全面规范网络空间安全管理方面问题的基础性法律,是我国网络空间法治建设的重要里程碑,是依法治网和化解网络风险的重要法律依据，也是让互联网在法治轨道上健康运行的重要保障。该法在以下几个方面进行了规范。

① 明确网络空间主权原则。

《网络安全法》第一条规定："为了保障网络安全，维护网络空间主权和国家安全、社会公共利益，保护公民、法人和其他组织的合法权益，促进经济社会信息化健康发展，制定本法。"

② 明确网络安全战略基本要求。

《网络安全法》第五条和第七条共同明确了中国网络安全战略的基本要求。第五条强调了国家在网络安全方面的积极角色，包括监测和防御来自国内外的安全风险和威胁，保护关键信息基础设施不受各类网络攻击和破坏，以及依法打击网络违法犯罪，确保网络空间的安全和秩序。第七条则体现了中国对国际网络空间治理的立场，即推动建立一个和平、安全、开放和合作的网络环境，并倡导形成多边、民主、透明的网络治理体系。

③ 规定网络产品等应符合国家标准。

《网络安全法》第二十二条要求网络产品和服务质量必须满足国家规定的强制性标准，禁止内置恶意程序，并要求提供者在发现产品或服务存在安全缺陷或漏洞时，立即采取措施进行补救，并及时通知用户和报告主管部门。第二十三条强调网络关键设备和网络安全专用产品在销售或提供前，必须通过合格安全认证或安全检测，以确保符合国家强制性标准。

④ 建立网络安全监测预警和信息通报制度。

《网络安全法》第五章提出国家应建立网络安全监测预警和信息通报制度，要求网信部门制定并实施应急预案，通过定期演练来提高应对网络安全事件的能力，以确保网络安全风险管理和处置工作的规范化和法治化。

⑤ 将个人信息保护制度化。

《网络安全法》将个人信息保护作为一项关键内容，第四章作为"个人信息保护专章"，专门针对网络中的个人信息安全。该章节汇集了我国在个人信息保护方面的立法经验，并将实践中的有效措施制度化，以应对个人信息保护中出现的突出问题。

⑥ 规定违反个人信息保护的法律责任。

《网络安全法》第六十四条授权监管机构根据违法行为的严重性，实施一系列分级的行政处罚措施，包括责令改正、警告、没收违法所得、罚款、责令暂停相关业务、停业整顿、关闭网站、吊销相关业务许可证或营业执照。第七十四条进一步明确了违反法律的民事、治安和刑事责任。这些规定不仅强化了个人信息的法律保护,还为监管机构在执行数据管理法规时提供了多样化的执法工具。

2. 地方层面相关法律法规

在国家法律的指引下,各地区纷纷发布了与大数据相关的法律法规,如《深圳经济特区数据条例》《上海市数据条例》《贵州省公共数据授权运营管理办法(试行)》等。

(1) 地方层面的立法探索。

地方层面的立法探索,主要是各地出台的一些地方性的法律法规,涉及的范围也较为广泛。由于各项法律法规较多,这里仅列示广东省、浙江省、上海市和北京市与数据授权运营相关的重要条例。

① 《广东省公共数据管理办法》。

《广东省公共数据管理办法》于 2021 年 10 月 18 日公布,自 2021 年 11 月 25 日起施行。主要内容包括总则,公共数据目录管理,公共数据的采集、核准与提供,公共数据的共享和使用,重点领域数据应用,公共数据开放,公共数据开发利用,数据主体权益保障,安全保障,监督管理,法律责任,附则十二个部分。

在公共数据开发利用方面,第三十五条规定,单位和个人依法开发利用公共数据所获得的财产权益受法律保护。公共数据的开发利用不得损害国家利益、社会公共利益和第三方合法权益。

第三十六条规定,省和地级以上市公共数据主管部门应当加强公共数据开发利用指导,创新数据开发利用模式和授权运营机制,建立公共数据服务规则和流程,提升数据汇聚、加工处理和统计分析能力。省和地级以上市公共数据主管部门可以根据行业主管部门或者市场主体的合理需求提供数据分析模型和算法,按照统一标准对外输出数据产品或者提供数据服务,满足公共数据开发利用的需求。

第三十七条规定,鼓励市场主体和个人利用依法开放的公共数据开展科学研究、产品研发、咨询服务、数据加工、数据分析等创新创业活动。相关活动产生的数据产品或者数据服务可以依法进行交易,法律法规另有规定或者当事人之间另有约定的除外。

第三十八条规定,省人民政府推动建立数据交易平台,引导市场主体通过数据交易平台进行数据交易。数据交易平台的开办者应当建立安全可信、管理可控、可追溯的数据交易环境,制定数据交易、信息披露、自律监管等规则,自觉接受公共数据主管部门的监督检查。数据交易平台应当采取有效措施，依法保护商业秘密、个人信息和隐私以及其他重要数据。政府向社会力量购买数据服务有关项目，应当纳入数字政府建设项目管理范围统筹考虑。

② 《浙江省公共数据条例》。

《浙江省公共数据条例》于 2022 年 1 月 21 日经浙江省第十三届人民代表大会第六次会议通过，自 2022 年 3 月 1 日起施行。主要内容包括总则、公共数据平台、公共数据收集与归集、公共数据共享、公共数据开放与利用、公共数据安全、法律责任、附则八个方面。在公共数据开放与利用方面，第三十三条规定自然人、法人或者非法人组织需要获取受限开放的公共数据的，应当通过统一的公共数据开放通道向公共数据主管部门提出申请。公共数据主管部门应当会同数据提供单位审核后确定是否同意开放。经审核同意开放公共数据的，申请人应当签署安全承诺书，并与数据提供单位签订开放利用协议。申请开放的公共数据涉及两个以上数据提供单位的，开放利用协议由公共数据主管部门与申请人签订。开放利用协议应当明确数据开放方式、使用范围、安全保障措施等内容。申请人应当按照开放利用协议约定的范围使用公共数据，并按照开放利用协议和安全承诺书采取安全保障措施。

第三十四条规定，县级以上人民政府应当将公共数据作为促进经济社会发展的重要生产要素，促进公共数据有序流动，推进数据要素市场化配置改革，推动公共数据与社会数据深度融合利用，提升公共数据资源配置效率。自然人、法人或者非法人组织利用依法获取的公共数据加工形成的数据产品和服务受法律保护，但不得危害国家安全和公共利益，不得损害他人的合法权益。

第三十五条规定，县级以上人民政府可以授权符合规定安全条件的法人或者非法人组织授权运营公共数据，并与授权运营单位签订授权运营协议。禁止开放的公共数据不得授权运营。授权运营单位应当依托公共数据平台对授权运营的公共数据进行加工；对加工形成的数据产品和服务，可以向用户提供并获取合理收益。授权运营单位不得向第三方提供授权运营的原始公共数据。授权运营协议应当明确授权运营范围、运营期限、合理收益的测算方法、数据安全要求、期限届满后资产处置等内容。省公共数据主管部门应当会同省网信、公安、国家安全、财政等部门制定公共数据授权运营具体办法，明确授权方式、授权运营单位的安全条件和运营行为规范等内容，报省人民政府批准后实施。

第三十六条规定，县级以上人民政府及其有关部门应当通过产业政策引导、资金扶持、引入社会资本等方式，拓展公共数据开发利用场景。县级以上人民政府及其有关部门可以通过政府购买服务、协议合作等方式，支持利用公共数据创新产品、技术和服务，提升公共数据产业化水平。公共数据主管部门可以通过应用创新大赛、补助奖励、合作开发等方式，鼓励利用公共数据开展科学研究、产品开发、数据加工等活动。

③《上海市数据条例》。

《上海市数据条例》于2021年11月25日经上海市第十五届人民代表大会常务委员会第三十七次会议审议通过，自2022年1月1日起施行。主要内容包括总则、数据权益保障、公共数据、数据要素市场、数据资源开发和应用、浦东新区数据改革、长三角区域数据合作、数据安全、法律责任、附则十个方面的内容。

在公共数据授权运营方面，第四十四条规定，建立公共数据授权运营机制，提高公共数据社会化开发利用水平。政府办公厅应当组织制定公共数据授权运营管理办法，明确授权主体，授权条件、程序、数据范围，运营平台的服务和使用机制，运营行为规范，以及运营评价和退出情形等内容。大数据中心应当根据公共数据授权运营管理办法对被授权运营主体实施日常监督管理。

第四十五条规定，被授权运营主体应当在授权范围内，依托统一规划的公共数据授权运营平台提供的安全可信环境，实施数据开发利用，并提供数据产品和服务。政府办公厅应当会同市网信等相关部门和数据专家委员会，对被授权运营主体规划的应用场景进行合规性和安全风险等评估。授权运营的数据涉及个人隐私、个人信息、商业秘密、保密商务信息的，处理该数据应当符合相关法律、法规的规定。政府办公厅、大数据中心、被授权运营主体等部门和单位，应当依法履行数据安全保护义务。

第四十六条规定，通过公共数据授权运营形成的数据产品和服务，可以依托公共数据运营平台进行交易撮合、合同签订、业务结算等；通过其他途径签订合同的，应当在公共数据运营平台备案。

第五十条规定，探索构建数据资产评估指标体系，建立数据资产评估制度，开展数据资产凭证试点，反映数据要素的资产价值。

第五十三条规定，支持数据交易服务机构有序发展，为数据交易提供数据资产、数据合规性、数据质量等第三方评估以及交易撮合、交易代理、专业咨询、数据经纪、数据交付等专业服务。

第五十七条规定，从事数据交易活动的市场主体可以依法自主定价。相关主管部门应当组织相关行业协会等制订数据交易价格评估导则，构建交易价格评估指标。

同时，上海市还支持将与浦东新区和长三角区域的数据合作列入条例中，支持浦东新区进行高水平改革开放、打造社会主义现代化建设引领区，推进数据权属界定、开放共享、交易流通、监督管理等标准制定和系统建设。上海市将与长三角区域其他省共同开展长三角区域数据标准化体系建设，按照区域数据共享需要，共同建立数据资源目录、基础库、专题库、主题库、数据共享、数据质量和安全管理等基础性标准和规范，促进数据资源共享和利用；依托全国一体化政务服务平台建设长三角数据共享交换平台，支撑长三角区域数据共享共用、业务协同和场景应用建设，推动数据有效流动和开发利用。上海市将与长三角区域其他省共同推动建立以需求清单、责任清单和共享数据资源目录为基础的长三角区域数据共享机制，共同推动建立跨区域数据异议核实与处理、数据对账机制，确保各省级行政区域提供的数据与长三角数据共享交换平台数据的一致性，实现数据可对账、可校验、可稽核，问题可追溯、可处理。

④《北京市公共数据专区授权运营管理办法（试行）》。

《北京市公共数据专区授权运营管理办法（试行）》（以下简称《北京市管理办法》）由北京市经济和信息化局于 2023 年 12 月 8 日发布实施。主要内容包括总则、专区授权运营管理机制、专区授权运营工作流程、专区运营单位管理要求、授权数据管理要求、安全管理与考核评估、附则七个部分内容。该管理办法主要针对公共数据授权运营的管理，所以较前面三个文件论述的内容更具体。主要内容包括以下几个方面。

第五条规定，公共数据专区采取政府授权运营模式，选择具有技术能力和资源优势的企事业单位等主体开展授权运营管理。

第九条规定，公共数据专区授权运营工作流程包括信息发布、申请提交、资格评审、协议签订等。

第十条规定，市大数据主管部门会同专区监管部门发布重大领域、重点区域或特定场景开展公共数据专区授权运营的通知，明确申报条件和运营要求。

第十三条规定，授权运营协议应遵循法律法规相关规定，包括但不限于以下内容：授权主体和对象、授权内容、授权流程、授权应用范围、授权期限、责任机制、监督机制、终止和撤销机制等。

第二十一条规定，公共数据遵照"原始数据不出域，数据可用不可见"的总体要求，在维护国家数据安全、保护个人信息的前提下开展授权运营。对不承载个人信息和不影响公共安全的公共数据，推动按用途加大供给使用范围。涉及个人信息的，运营单位在获得个人真实、有效授权后按应用场景使用。规范对个人信息的处理活动，不得采取"一揽子授权"、强制同意等方式过度收集个人信息，促进个人信息合理利用。

第二十三条规定，大数据主管部门负责会同公共数据专区监管部门按照《政务数据分级与安全保护规范》以及各领域、各行业相关标准规范要求，开展公共数据向公共数据专区的共享应用。针对一级数据允许提供原始数据共享，二级、三级数据须通过调用数据接口、部署数据模型等形式开展共享，四级数据原则上不予共享，确有需求的，采用数据可用不可见等必要技术手段实现有条件共享。

第二十四条规定，市大数据主管部门会同公共数据专区监管部门、数据提供部门和专区运营单位共同建立数据质量逐级倒查反馈机制，以提升数据的准确性、相关性、完整性和时效性。对于错误和遗漏等数据质量问题，数据提供部门在职责范围内，须及时处理并予以反馈。各部门数据共享及质量反馈情况纳入本市智慧城市建设工作考核，鼓励各部门提供高质量数据。

同时，《北京市管理办法》还制定了考核评价体系，定期组织专区监管部门、数据提供部门等开展专区应用绩效考核评估。

（2）地方公共数据授权运营的立法模式选择。

目前，公共数据授权运营的立法主要采用三种模式，分别是"原则性规定"模式、结合"原则性规定"与"特别立法"模式、"特别立法"模式。

① "原则性规定"模式。

"原则性规定"是指地方政府仅设立法规来界定公共数据授权运营的基本原则和方向。例如，《辽宁省大数据发展条例》仅在制度层面允许政府开展数据授权运营试点，未进一步规定具体管理办法和操作要求。

② 结合"原则性规定"与"特别立法"模式。

"原则性规定"与"特别立法"相结合模式下，地方性法规首先从原则上对政府数据授权运营进行框架性规定，之后通过专门的立法或管理措施对授权的具体操作、运营标准以及监管机制等进行详尽的规范。如上海市、浙江省和重庆市均采纳了这一模式。以《上海市数据条例》和《浙江省公共数据条例》为例，它们在地方性法规层面确立了原则性指导，随后由政府部门出台具体的管理办法来明确详细内容。而《重庆市数据条例》则对授权运营方提供的服务标准设定了限制，具体的实施细节以政府后续专门规定为准。

③ "特别立法"模式。

应用"特别立法"模式的典型案例地区为成都市和北京市，这两个地区均特别设立了对公共数据资产的专门法规。例如，2020年发布的《成都市公共数据运营服务管理办法》和《关于推进北京市金融公共数据专区建设的意见》，两者均是针对特定地区和行业进行数据专区规范，对政府数据授权运营进行了有益的探索。

（3）地方政府公共数据授权运营政策内容。

据初步调研，截至 2023 年底，全国大部分省（自治区、直辖市）、市等已经出台了涉及公共数据资产授权运营的相关政策法规，具体内容情况统计如表 2-1 所示。具体来看，成都市、青岛市、北京市、长春市、杭州市、浙江省、贵州省、江西省等地，虽尚未明确出台相关的公共数据资产授权运营管理办法，但在各地的数据运营管理办法中，详细说明了公共数据授权运营的主体及其职责、分工以及运营流程，主要内容涉及公共数据运营的目的原则、数据授权范围、主体职责、运营方式、运营流程、平台建设、安全保障和收益分配等方面，并要求建立公共数据授权运营机制。而海南省、福建省、广西壮族自治区、上海市等地尚未发布关于公共数据授权运营的独立文件，仅在本地区的大数据条例等相关文件中，提及了关于"公共数据授权运营""公共数据运营"或"政务数据运营"内容，各地文件在公共数据资产授权运营方面都有不同程度的体现，为地方实施公共数据资产授权运营提供了政策和法规上的支持和保障。对于地方政府公共数据授权运营政策法规内容，可以总结为以下四点。

表 2-1 全国部分地区出台的涉及公共数据资产授权运营的政策法规内容情况统计（部分）

政策情况	地区名称	目的原则	数据授权范围	主体职责	运营方式	运营流程	平台建设	安全保障	收益分配
涉及具体管理办法	成都市	√	√	√	√	√	√	√	
	青岛市		√	√		√	√	√	
	北京市		√	√	√		√	√	
	长春市			√		√		√	
	杭州市	√	√	√		√	√	√	√
	浙江省	√			√			√	
	贵州省	√		√				√	
	江西省	√	√				√	√	
在相关政策文件提及	海南省		√				√	√	
	福建省			√			√	√	
	广西壮族自治区		√	√			√		√
	上海市		√	√		√			

① 明确了公共数据授权运营实践的目的和原则。

从顶层设计和规范建设的角度出发，这些地区的政策法规对公共数据授权运营实践的定位和引导（包括背景、内涵、目的、原则、方向等）旨在明确其在整个数字要素化市场中的作用。例如，北京市、贵州省、成都市、青岛市等地在相关政策法规文件中提出了统筹协调、需求导向、创新引领、政府引导、市场运作、安全可控、稳妥有序等原则。

② 确定了公共数据授权运营实践的主要内容。

涵盖了数据授权运营的范围、各主体的职责分工、运营过程中的各环节要求以及承载数据和产出的平台建设等内容。成都市在其2020年出台的《成都市公共数据运营服务管理办法》中较详细地规定了主体职责、平台建设、运营流程等，为其公共数据授权运营实践提供了坚实的政策基础。

③ 对公共数据授权运营流程提出了严格的安全管理要求。

要求包括授权主体、运营主体、监管主体等在制度建设、技术保障、人员管理等方面落实相关安全职责，强化各环节数据安全责任制度，健全风险评估机制，实施数据安全技术防护，加强相关人员安全监管等，以应对公共数据授权运营实践中存在的数据安全风险。

④ 关注公共数据授权运营实践收益分配等问题。

由于公共数据的公益性和开放性要求，目前多数地区尚难以对后续收益进行合理评估和规范管理，导致在公共数据授权运营的产品或服务完成后的流通、交易和应用阶段难以明确成本和收益比例。尽管北京市、成都市、青岛市等地已发布相关具体管理办法，但对其收益分配仍缺乏具体细化规定。广西壮族自治区则在其2023年发布的《广西数据要素市场化发展管理暂行办法》中对数据要素的收益分配进行了相关规定，以保护各授权运营主体的合法权益。

2.1.2 公共数据资产授权运营产权制度

构建权益保护和合规使用的数据产权制度是确保高质量数据要素供应的关键，也是数据流通和交易不可或缺的前提。"数据二十条"建议设立数据资源持有权、数据加工使用权、数据产品经营权等分离的产权运作机制。近年来，我国持续推动跨层级、跨部门、跨系统的共享和一体化公共数据资产产权体系的建设，并在北京市、上海市、浙江省、贵州省等地取得了较高水平的实施成效。

1. 关于"三权"的分置

提供公共服务的企事业单位可以决定数据的获取、管理和使用方式，并有对数据的所有权或控制权。数据授权运营单位有公共数据的加工使用权，以及形成产品和服务的经营权。这种结构性分置的方案符合"数据二十条"的总体思路，并在浙江省和北京市的管理办法中得到了具体体现。

浙江省将公共数据授权运营定义为县级以上政府按程序依法授权法人或非法人组织对授权的公共数据进行加工处理，开发形成数据产品和服务，并向社会提供这些数据产品和服务的行为。这一定义实质上说明数据加工使用权和数据产品经营权归属于数据授权运营单位，并且明确指出省、市、县（区）三级政府有权将这些权利授予数据授权运营单位。尽管已明确界定了数据资源持有权的使用范围，但其中也规定了"公共管理和服务机构负责做好本领域公共数据的治理、申请审核及安全监管等授权运营相关工作"，即意味着数据资源持有权为数据提供单位享有。

北京市采用的是公共数据专区的授权运营方式，数据专区包括面向行业领域应用场景的领域类专区、面向重点区域或特定场景的区域类专区，以及面向跨领域、跨区域综合应用场景的综合基础类专区。根据《北京市管理办法》中的规定，专区运营单位即为数据运营单位，可依法对数据加工处理并开发成产品。具体来说，规定"专区运营单位应建设数据开发与运营管理平台，做好授权数据加工处理环节的管理"，这意味着专区运营单位获得了数据加工使用权。另外，规定"专区运营单位围绕其形成的可面向市场提供的数据产品及服务，应及时将相关定价及依据、应用场景、使用范围及方式等向专区监管部门备案"，这表明专区运营单位被授予了数据产品经营权。

与浙江省出台的政策法规相似，《北京市管理办法》中也没有明确提到数据资源持有权，但规定了相关内容。例如，专区运营单位可以结合应用场景向专区监管部门提出公共数据共享申请，经评估确认后，由数据提供部门审核同意并依托市大数据平台实施共享。这表明在特定条件下，数据提供部门保留了对数据资源的管理和审核权限，间接暗示了数据资源的持有权属于数据提供部门。

此外，北京市还鼓励专区授权运营单位与合作方进行合作，允许专区授权运营单位根据需要向合作方授予数据获取、产品和场景使用以及权属管控等权限。这意味着专区授权运营单位可以将数据加工使用权和数据产品经营权部分转授出去，以促进数据资源的有效利用和市场化运作。

2. 关于"三权"的理解

（1）数据资源持有权。

关于数据资源持有权的问题，浙江省和北京市的相关政策法规中均没有明确提到这方面的内容。在《浙江省公共数据条例》中，数据提供单位被要求负责数据治理、申请审核和安全监管等工作。而在《北京市管理办法》中则要求数据提供单位对授权运营单位进行审核，并在同意后才能实施数据共享和运营。此外，还规定数据提供单位应参与建立数据质量逐级倒查反馈机制，对发现的数据质量问题及时进行处理和反馈，并对其参与安全运营和应用的绩效进行考核。

在这两个地方的管理办法中，关于数据提供单位的数据资源持有权体现在其积极参与和落实公共数据授权运营的相关工作，主要体现为责任履行。数据资源持有权的基础应源于数据提供单位在履行职责或提供公共服务过程中产生的公共数据，并通过建设或应用电子政务系统进行了采集、存储、处理和使用。一旦确立了相应的数据资源持有权，为促进公共数据的流通和交易，数据提供单位便须履行授权运营的各项责任，包括对授权运营资格的审核、数据分享的实施以及数据质量的管理。

（2）数据加工使用权。

关于数据加工使用权，《浙江省公共数据条例》规定，授权运营单位在进行数据加工处理或提供服务时，如发现公共数据质量问题，有权向公共数据主管部门提出数据治理需求。这一规定赋予了数据运营单位在数据加工使用过程中提出质疑并要求修正数据质量的权利。另外，根据规定，授权运营单位应通过一体化数字资源系统提交公共数据需求清单，如涉及省内数据流动，须经省级公共数据主管部门同意，这意味着市、县（区）级政府确定的数据运营单位享有向省级公共数据主管部门提出数据回流的权利。并进一步规定经公共数据主管部门审核批准后，运营单位可以将依法合规获取的社会数据导入授权运营域与公共数据进行融合计算，这显示了数据运营单位开展公共数据与社会数据融合计算的权利。此外，还明确了数据运营单位在数据加工处理过程中需履行的多项义务，强调了其在数据安全和合规管理方面的责任。

（3）数据产品经营权。

根据《浙江省公共数据条例》，数据产品和服务被定义为利用公共数据加工形成的数据包、数据模型、数据接口、数据服务、数据报告、业务服务等。该条例要求这些数据产品和服务在遵循国家和省级相关的数据要素市场规则的情况下进行流通和交易。

在《北京市管理办法》中，专区被鼓励通过提供模型、核验等产品和服务形式向社会提供服务。该办法规定，专区运营单位需围绕其开发的面向市场的数据产品和服务，及时向专区监管部门备案相关的定价依据、应用场景、使用范围及方式等信息。数据产品经营权允许数据运营单位向市场提供多样化的数据产品和服务。

在公共数据授权运营中，"三权"中的数据资源持有权和数据产品经营权的内涵相对较为明确且易于实施，然而数据加工使用权的具体范围则需通过持续的探索实践才能被确立。目前仍需进一步明确数据授权运营单位能够对公共数据进行何种加工处理，以及在何种情况下可以对公共数据进行不同类型的加工处理。此外，还需澄清数据授权运营单位如何与合作伙伴分享数据加工使用权，以及在加工过程中需遵循的具体原则。这些问题目前在理论层面尚不明确，需要通过实践积累经验，逐步形成相应的标准。

3. 数据所有权问题

国家层面的相关法律法规根据公共数据是否包含个人信息进行了分类。例如，"数据二十条"中第四条和第六条分别规定："对于不承载个人信息且不影响公共安全的公共数据，应根据使用目的推动扩大供给和使用范围。""对于承载个人信息的数据，不得通过一揽子授权或强制同意等方式过度收集个人信息。"地方层面的相关法规中，浙江省和北京市的管理办法对此也有类似规定，突显了是否承载个人信息的重要性。

一方面，不涉及个人信息或企业信息时应明确将其所有权授予各级政府，以便更好地开发这类公共数据的经济潜力。《浙江省公共数据条例》指出，县级以上人民政府依法定程序，可授权给法人或非法人组织进行公共数据的授权运营管理，并要求与之签订授权运营协议。《北京市管理办法》特别规定，北京市人民政府将负责公共数据专区的授权运营工作，并确立了授权运营协议的签订方式。

另一方面，对于涉及个人信息的情况，"数据二十条"、浙江省和北京市的相关政策法规均明确指出必须首先获得信息主体的同意才能对数据进行使用和交易。进一步地，对于包含商业秘密和保密商务信息的公共数据，《浙江省公共数据条例》规定，需要进行脱敏或脱密处理，或者在依法获得相关法人或非法人组织的授权后，方可进行访问和使用。而对于涉及商业秘密的公共数据，《北京市管理办法》则规定必须在获得真实、有效、安全的授权后，根据具体应用场景进行使用。这些规定表明，在涉及个人信息和企业信息的公共数据使用中，这些公共数据的所有权仍然归属相应的个人和企业。

尽管"数据二十条"和地方性的规定倾向于弱化所有权问题，但这有可能对"三权"结构性分置方案的实施造成困扰，尤其是在涉及承载个人和企业信息的公共数据时。从理论上看，目前的"三权"结构性分置方案只是一个临时性的解决方案，数据产权的法律框架还在继续构建中。

2.2 数据资产流通交易规则

2.2.1 数据资产流通规则

目前，我国已逐步建立起四个方面的数据要素流通规则，分别为国家层面的制度安排、地方政府层面的制度安排、大数据交易机构的规则体系、数据要素流通标准体系层面。

1. 国家层面的制度安排

我国在国家层面建立了以《网络安全法》《数据安全法》和《个人信息保护法》为核心的数据基础法律体系。《网络安全法》规定了网络运营者必须遵守的安全保护义务，包括内部管理、技术防范和数据保护等，并要求关键信息基础设施的运营者在境内存储个人信息和重要数据，以及在跨境数据传输中进行安全评估；《数据安全法》确立了数据分级和企业数据安全管理的制度，包括风险监测、评估、数据收集与交易等；《个人信息保护法》定义了个人信息，并排除了匿名化处理后的信息，同时确立了合法性、正当性、必要性、诚信、信息质量和信息安全的六大原则来指导个人信息的处理。

中共中央、国务院针对数据要素流通问题发布了三项关键文件：2020年3月，《中共中央、国务院关于构建更加完善的要素市场化配置体制机制的意见》提出加强数据要素市场建设，推动数据共享，并制定公共数据开放的规范，同时强调了数据隐私和安全的重要性；随后在2022年12月，相继出台了《要素市场化配置综合改革试点总体方案》和"数据二十条"，旨在确立数据流通规则，强化数据安全，并建立统一的数据交易和安全标准，以支持实体经济发展。2023年通过出台《中共中央、国务院关于加快建设全国统一大市场的意见》《数字中国建设整体布局规划》《中华人民共和国国民经济和社会发展第十四个五年规划和2035年远景目标纲要》等关键政策文件，强调了构建数据基础制度和市场规则的必要性，共同推动了数据的综合应用和资源的高效利用。

2023年10月25日，国家数据局正式揭牌，着手构建数据要素市场化发展的组织架构，为全球进入数字化时代提供了中国范式。2023年12月，国家数据局印发《"数据要素×"三年行动计划（2024—2026年）》，启动实施"数据要素×"行动计划，聚焦智能制造、商贸物流、金融服务、医疗健康等15

个领域，形成一批典型应用场景，推动数据在各类场景中流通交易以发挥"乘数效应"。

我国数据要素市场顶层设计现已初步建立，数据要素交易市场正展现出强劲的增长势头。《2023 年中国数据交易市场研究分析报告》显示，到 2025 年我国数据交易市场规模有望达到 2046 亿元。随着数字经济的不断发展和数据价值的日益凸显，预计未来数据流通交易将持续保持高速发展态势，成为支撑国家经济增长的重要力量。

2. 地方政府层面的制度安排

为促进数据要素开放流通，我国各地方政府根据本地区特点，制定了极具地方特色的地方性法规。表 2-2 列示了我国部分地方政府关于数据资产流通的制度安排。

表 2-2　我国部分地方政府关于数据资产流通的制度安排

施行时间	政策法规	法规聚焦
2019 年 10 月 1 日	《贵州省大数据安全保障条例》	通过法律界定大数据各方面的关系，并开展大数据安全治理实践
2021 年 9 月 1 日	《广东省数字经济促进条例》	聚焦数字产业化、产业数字化两大核心
2022 年 1 月 1 日	《上海市数据条例》	聚焦数据权益保障、数据流通利用、数据安全管理三大环节，促进数据流通和开发利用
2022 年 1 月 1 日	《深圳经济特区数据条例》	明确了个人数据权益，规定了处理个人数据的规则，并对公共数据开放和数据交易市场进行了规定
2022 年 2 月 1 日	《福建省大数据发展条例》	明确了公共数据资源开放共享的原则和利用路径
2022 年 3 月 1 日	《浙江省公共数据条例》	全国首部以公共数据为主题的地方性法规，强调了数据共享和安全
2022 年 7 月 1 日	《重庆市数据条例》	明确了数据处理规则和数据安全责任，确立了数据安全责任制
2022 年 7 月 1 日	《黑龙江省促进大数据发展应用条例》	针对性地对公共数据发展规划等方面作出规定
2022 年 8 月 1 日	《辽宁省大数据发展条例》	从培育壮大数据要素市场等方面进行了制度设计
2023 年 1 月 1 日	《北京市数字经济促进条例》	规定了数据汇聚、利用、开放、交易等规则，并强调了数据要素市场培育

这些法律法规体现了中国地方政府在数据要素开放流通方面的积极作为，旨在通过法律法规明确数据权利、加强数据安全保护、促进数据要素的合理利用和流通，同时推动数字经济的健康发展。

3. 大数据交易机构的规则体系

合规高效、安全有序的数据交易规则体系是数据流通的核心环节。当前，在数据交易领域，存在确权、定价、信任建立、市场准入和监管等诸多挑战。为应对挑战，大数据交易所和地方政府制定了交易规则。2022年5月27日，贵阳大数据交易所推出了国内首个数据交易规则体系，涵盖了交易规则、合规性审查、安全评估、成本和价格评估以及数据资产价值评估等多个方面，同时还包括了平台运营和数据商管理的管理办法。2023年11月26日，上海数据交易所发布全球首个数据交易所交易规则体系，该体系搭建了"办法—规范—指引"三个层级的交易制度结构，以《上海数据交易所数据交易管理办法》作为全局性的统领文件，归集为"主体管理—交易管理—运营管理—纠纷解决"四大模块，回应数据交易的市场发展及管理需求。该体系细化了九项规范，推出特色的数据交易服务栏目，并以指导交易实践为目的，推出六项指引，从顶层设计到操作指引，着力打造适应数据要素市场发展规律的交易规范体系。

4. 数据要素流通标准体系

"数据二十条"明确强调，要制定全国统一的数据交易及安全标准等规范体系，为数据要素流通提供合规化、标准化及增值化服务。2014年工信部和国家标准化委员会指导成立了全国信息技术标准化技术委员会大数据标准工作组，主要负责制定和完善我国大数据领域标准体系，组织开展大数据相关技术和标准的研究，申报国家、行业标准，承担国家、行业标准制定和修订计划任务，宣传、推广标准实施，组织推动国际标准化活动，对口国际标准大数据工作组。工作组以释放数据要素价值为导向，加快推进数据要素标准化工作，研制发布了涵盖数据登记、数据交易、数据共享等多方面的标准。围绕"有数据、用数据、管数据"三步理念，推动数据资源开放共享，打破数据资源壁垒，深化数据资源应用，为数据要素标准化工作提供坚实基础。2024年8月9日，国家标准化管理委员会成立了全国第一届数据标准化技术委员会，主要负责数据资源、数据技术、数据流通、智慧城市、数字化转型等基础通用标准，支撑数据流通利用的数据基础设施标准，以及保障数据流通利用的安全标准等国家标准的制定和修订工作，与国际标准化组织信息技术标准化技术委员会数据管理与交换分技术委员会、信息技术标准化技术委员会智慧城市工作组、信息技术标准化技术委员会人工智能分技术委员会数据工作组的工作领域相对应，由国家数据局负责日常管理和业务指导。

为抢抓国家推动数据价值化新机遇、培育数据要素市场，各省市积极开展数据要素流通标准研制工作，上海市、山东省、浙江省等地区形成 30 余项地方标准。其中，上海市主要发布与公共数据共享交换工作规范相关的地方标准。山东省发布的地方标准以公共数据开放的基本要求及数据脱敏为主。贵州省发布了与政府数据共享开放管理及数据资产交易相关的地方标准。

随着我国数据要素市场的快速发展，各地电子信息行业联合会、大数据协会等社会团体也陆续发布大量数据要素相关标准，为数据要素流通提供了充足动力和基础保障。其中，山东省物联网协会发布《数据交易平台交易主体描述规范》，规定了数据交易平台中交易主体信息的描述属性、描述方法等。中国电子工业标准化技术协会、中国资产评估协会、中国电子质量管理协会联合制定《信息技术 大数据 数据资产评估》团体标准，给出了数据评价与数据价值评估的基本框架及各过程的基本要求，可帮助各组织明确数据评价与数据价值评估活动的基本过程及基本规范。

2.2.2 数据资产交易规则

1. 数据要素市场准入规则

数据市场的交易主体主要包括数据来源方、需求方、平台中介等。为保障数据市场交易过程的规范和安全，市场准入规则对各参与主体及其交易对象设定了门槛和交易程序规则，包括数据服务、产品、算力、算法等。这些规则通过不同层级的标准体系，包括国家标准、行业标准、团体标准以及企业标准等，对这些标准的具体内容进行明确。如上海市鼓励数据利用主体利用公共数据开展科技研究、咨询服务、产品开发、数据加工等活动，数据利用主体应当遵循合法、正当的原则利用公共数据，不得损害国家利益、社会公共利益和第三方合法权益；对有条件开放类公共数据，数据利用主体应当按照数据利用协议的约定，向数据开放主体反馈数据利用情况；数据利用主体利用公共数据形成数据产品、研究报告、学术论文等成果的，应当在成果中注明数据来源。而交易中心负责提供登记凭证服务，以确保进入市场主体的可信度。

2. 数据要素交易规则

数据作为关键生产要素，其重要性可以通过一系列政策和法规来强化，这些政策法规旨在促进数据的开放、共享、交换和交易，从而推动数字经济的发展和创新。在市场化配置中，建立完善的交易规则对于规范数据交易市场至关重要，是实现数据要素市场化配置、推动数字经济发展的基础，为数据要素价值创造和价值实现提供了基础性制度保障。数据要素交易规则包含数据价值评估、数据商运行规则、交易机构运营规则、合规性审查规则、安全评估规则等多个方面，内容涵盖交易主体登记、交易标的管理、交易场所运营、流程实施及监督管理等，同时在技术标准、报价机制、市场监管等方面形成国际标准，构建高效生态体系。上海市鼓励开发利用公共数据产生的数据产品和服务，并通过数据交易平台进行交易，以促进数据合规高效、安全有序流通使用。数据交易平台授权运营单位应当制定数据交易、信息披露、自律监管等规则，建立安全可信、管理可控、全程可追溯的数据交易环境；成都市通过政策扶持引导培育数据交易市场，探索开展大数据衍生产品交易，以促进数据资源流通；重庆市通过制定数据交易流通标准，统筹建设数据交易平台，鼓励依托数据交易平台开展数据交易流通，推动建立合法合规、安全有序的数据交易体系，培育数据要素市场。

3. 数据流通中介服务机构规则

数据经纪人，也称数据商和第三方专业服务机构，是数据流通生态系统中的关键角色，它们通过整合和分析数据来提供标准化的数据产品和促进数据的可信流通。数据经纪人通常不直接面向终端用户，而是作为数据供应方和需求方之间的中介，提供包括交易、合规咨询、质量评估等服务，从而降低数据流通成本，增加数据供需双方的信任。"数商"是上海数据交易所首次提出的概念，它涵盖了数据交易主体、数据合规咨询、质量评估、资产评估、交付等众多领域，这一概念的提出，旨在构建一个促进使用和流通、场内场外相结合的数据流通交易制度体系，并规范引导场外流通，支持在场外采取开放、共享、交换、交易等方式流通数据。

2023年9月，中国资产评估协会发布了《数据资产评估指导意见》，从评估对象、评估范围、评估方法、评估分析等多方面规范数据资产价值判断过程。2024年1月，中国注册会计师协会发布了《行业管理服务数据规范注册管理》的通知，用来指导行业管理信息系统开发，满足与注册会计师行业统一监管平台等系统互联互通和数据共享的需求。在数据安全方面，中国信息协会信息安全专业委员会数据安全工作组、北京天空卫士网络安全技术有限公司等单位联合发布《数据防泄露技术指南》，旨在提升数据安全管理能力，加快构建数字经济全方位安全保障体系，促进数据合理、合法、合规使用和流通，夯实数字经济的基座。

北京市和广东省等多个地方也在积极探索建立数据中介服务机构运营管理制度和"数据经纪人"制度，推动数据中介产业体系的建立。例如，广东省将"数据经纪人"定义为利用行业整合能力，通过多种方式整合利用有关数据，促进行业数据与公共数据融合流通的社会性数据中介服务机构。重庆市的网信部门负责组织建立公共数据网络安全管理制度，指导公共数据开放、利用全过程中的网络安全保障、风险评估和安全审查工作。随着数据要素市场化的政策支持力度不断增加，数据经纪人和数商将在数据交易市场中发挥越来越重要的作用，即推动数据流通的规范化和市场化，为数字经济的发展提供强有力的支撑。

4. 数据流通治理规则

"数据二十条"强调建立数据流通全过程的合规性、安全性、算法审查及监测预警机制。数据流通治理覆盖数据全生命周期的管理与风险控制，涉及确权、定价、交易、交付和使用等环节。数据流通治理是政府、交易平台和社会组织等主体，通过决策、激励约束和监督机制，促进数据交易场景的多样化，实现数据价值和风险管控的共识。数据流通治理规则是确保数据安全和风险管理的基石。这些规则基于技术治理优先原则，并追求技术与制度治理的协同。数据流通市场是多主体参与的生态系统，治理规则与市场准入、交易和中介服务规则紧密相关。建立容错纠错机制和监管创新体系，发挥行业协会在市场准入和治理规则建设中的作用，加强行业标准研究，对促进数据中介服务和交易市场发展至关重要。如吉林省规定公共管理和服务机构应当将本单位的公共数据向"吉林祥云"大数据平台归集，实现公共数据资源的集中存储，形成人口、法人、空间、电子证照、社会信用、宏观经济六大基础资源库，政务服务和数字化局负责公共数据质量监管，对公共数据的数量、质量以及更新情况等进行实时监测和全面评价，实现数据状态可感知、数据使用可追溯、数据安全责任可落实。

2.2.3 数据要素收益分配规则

我国公共数据授权运营模式通常涉及政府将数据授权给特定的运营主体，后者通过提供数据产品或服务获得收益，并将部分收益返还给数据源单位和财政部门等。这种模式在不同地区和行业的实践中有所差异，主要分为区域集中式和行业集中式两种类型。区域集中式类型中，数据由数源单位和数据主管部门双重授权，并通过区域内平台统一管理。运营主体基于此向市场提供服务，如成都市和佛山市顺德区的实践；行业集中式类型则由行业垂直管理部门授权，运营主体提供专业服务，如中国气象数据网的实践。运营主体包括数源单位的下属事业单位、本地国有企业和民营企业。利益分配上，运营主体通过市场侧的增值开发获得收益，其中公益性服务可能免费或按成本收费，而运营性活动则按市场化原则定价。政府侧的利益分配涉及数源单位和财政部门，运营主体的部分收益通过补偿或税收形式回馈政府。

总体而言，公共数据授权运营模式旨在通过合理的利益分配和市场激励机制，促进数据资源的有效利用和价值最大化，同时确保数据安全和合规性。我国部分地区和行业的公共数据授权运营实践及利益分配见表2-3。

表2-3 我国部分地区和行业的公共数据授权运营实践及利益分配表

地区或行业	成都市	佛山市	海南省	金融行业	气象行业
案例说明	成都市公共数据运营服务平台	顺德公共数据授权运营和资产入市试点	海南数据产品超市	贵州公共资源交易综合金融服务平台	中国气象数据网
运营主体类别	国有企业	国有企业	各类市场主体	国有企业	部门所属的事业单位
市场侧定价收费方式	市场化协商定价	市场化协商定价	市场化协商定价或竞争定价或第三方定价	市场化协商定价	免费、公益性收费、市场化协商定价
数源单位获得利益分配方式	补偿性服务，运营主体为数源单位提供数据和技术服务；专项财政资金补助，根据数源单位参与数据授权运营工作的绩效评估，由财政给予补贴	获得财政反哺	运营主体将部分产品经营所得用于向超市平台方支付相应费用，后者将部分超市经营所得缴纳财政，主管部门依据数源单位的价值贡献度予以相应利益化建设或数据应用支持	利润分成，平台将公共数据运营所得利益进行固定比例分成，用于补贴数源单位的信息化建设成本等	参与市场侧的直接利益分配，用于补偿成本
财政部门参与利益分配路径	国有企业运营收入通过利润上缴和纳税进入地方财政	国有企业运营收入通过利润上缴和纳税进入地方财政	部分经营收入纳入财政预算管理，用于全省大数据业务发展	国有企业运营收入通过利润上缴和纳税进入地方财政	事业单位运营收入通过纳税进入地方财政

1. 数源单位参与运营利益分成

在数据授权运营过程中，运营主体通过数据运营利益分配机制，将运营利益通过一定标准补偿给数源单位，以补偿其在数据收集处理、平台建设等方面产生的成本支出。数源单位与授权运营主体产生利益交互，可以提升数源单位对更新数据、维护数据平台、继续授权的积极性。例如，贵州省各交易中心可以得到贵州公共资源交易综合金融服务平台的部分授权运营利益；福建省规定组织开放开发的数据管理机构应当根据数据开发利用价值贡献度，合理分配开发收入，属于政府取得的授权收入应当作为国有资产经营收益，按照规定缴入同级财政金库。

2. 数源单位得到运营主体数据反馈

在数源单位—运营主体—市场主体关系链上，运营主体将数据提供给市场，在加工和使用公共数据时，把产生的数据使用问题反馈至数源单位，帮助数源单位提高数据质量。此外，运营主体还可以在数据交易过程中，提升数源单位的信息化水平。

3. 数源单位可得到财政补贴

为积极推进公共数据开发利用、数字政府建设、大数据发展，我国各省（自治区、直辖市）、市政府都设立了信息化发展专项资金，通过定期考核和绩效评价，助力公共数据的授权运营，同时规范资金使用管理，提升财政资金绩效，推进数字政府建设。

4. 财政部门获得增值性的财政收入

财政部门通过公共数据授权运营，可以通过两个方面获得财政收入：一是通过活跃的公共数据授权运营可以在一定程度上促进地方经济发展，税收等财政收入也相应增加；二是公共数据的提供方多为地方政府，在公共数据资产授权运营的过程中会获得相应收益，直接充实地方财政收入。如佛山市国有企业顺科智汇科技获得全省首批"公共数据资产登记证件"，参与地方公共数据要素流动，以此增加财政收入。

2.3 公共数据资产授权运营生态环境

公共数据资产授权运营生态环境是公共数据资产授权运营需要的各种资源和条件，具体涉及市场生态、资源条件、政策支持和技术支撑等。由于涉及多个方面，这里仅对政策环境、技术环境、市场环境和社会环境四个方面进行说明。

2.3.1 公共数据资产授权运营的政策环境

1. 国家政策推动

国家层面通过制定一系列指导意见和政策文件，为公共数据资产授权运营提供了指导和支持。

《中共中央、国务院关于构建数据基础制度更好发挥数据要素作用的意见》指出，数据作为新型生产要素，是数字化、网络化、智能化的基础，已快速融入生产、分配、流通、消费和社会服务管理等各环节，深刻改变着生产方式、生活方式和社会治理方式。文件要求探索建立数据产权制度，推动数据产权结构性分置和有序流通，结合数据要素特性强化高质量数据要素供给；在国家数据分类分级保护制度下，推进数据分类分级确权授权使用和市场化流通交易，健全数据要素权益保护制度。同时，要完善和规范数据流通规则，构建促进使用和流通、场内场外相结合的交易制度体系，规范引导场外交易，培育壮大场内交易；有序发展数据跨境流通和交易，建立数据来源可确认、使用范围可界定、流通过程可追溯、安全风险可防范的数据可信流通体系。充分发挥市场在资源配置中的决定性作用，更好发挥政府作用。完善数据要素市场化配置机制，扩大数据要素市场化配置范围和按价值贡献参与分配渠道。完善数据要素收益的再分配调节机制，让全体人民更好共享数字经济发展成果。

《国务院关于印发"十四五"数字经济发展规划的通知》指出，数字经济发展速度之快、辐射范围之广、影响程度之深前所未有，正推动生产方式、生活方式和治理方式产生深刻变革，数字经济成为重组全球要素资源、重塑全球经济结构、改变全球竞争格局的关键力量。我国数字经济已迈向深化应用、规范发展、普惠共享的新阶段，文件中提到2025年，我国数字经济应迈向全面扩展期，数字经济核心产业增加值占GDP的比重达到10%，数字化创新引领发展能力大幅提升，智能化水平明显增强，数字技术与实体经济融合取得显著成效，数字经济治理体系更加完善，我国数字经济竞争力和影响力稳步提升。

《国务院关于加强数字政府建设的指导意见》指出，加强数字政府建设是适应新一轮科技革命和产业变革趋势、引领驱动数字经济发展和数字社会建设、营造良好数字生态、加快数字化发展的必然要求，是建设网络强国、数字中国的基础性和先导性工程，是创新政府治理理念和方式、形成数字治理新格局、推进国家治理体系和治理能力现代化的重要举措，对加快转变政府职能、建设法治政府、廉洁政府和服务型政府意义重大。到2025年，与政府治理能力现代化相适应的数字政府顶层设计更加完善、统筹协调机制更加健全，政府数字化履职能力、安全保障、制度规则、数据资源、平台支撑等数字政府体系框架基本形成，政府履职数字化、智能化水平显著提升，政府决策科学化、社会治理精准化、公共服务高效化取得重要进展，数字政府建设在服务党和国家重大战略、促进经济社会高质量发展、建设人民满意的服务型政府等方面发挥重要作用。到2035年，与国家治理体系和治理能力现代化相适应的数字政府体系框架更加成熟完备，整体协同、敏捷高效、智能精准、开放透明、公平普惠的数字政府基本建成，为基本实现社会主义现代化提供有力支撑。

《中共中央办公厅、国务院办公厅关于加快公共数据资源开发利用的意见》的文件中，鼓励探索公共数据授权运营，落实数据产权结构性分置制度要求，探索建立公共数据分类分级授权机制。加强对授权运营工作的统筹管理，明确数据管理机构，探索将授权运营纳入"三重一大"决策范围，明确授权条件、运营模式、运营期限、退出机制和安全管理责任，结合实际采用整体授权、分领域授权、依场景授权等模式，授权符合条件的运营机构开展公共数据资源开发、产品经营和技术服务。数据管理机构要履行行业监管职责，指导监督运营机构依法依规经营。运营机构要落实授权要求，规范运营行为，面向市场公平提供服务，严禁未经授权超范围使用数据。加快形成权责清晰、部省协同的授权运营格局。适时制定公共数据资源授权运营管理规定。同时，要求健全资源管理制度，建立公共数据资源登记制度，依托政务数据目录，根据应用需求，编制形成公共数据资源目录，对纳入授权运营范围的公共数据资源实行登记管理。提高公共数据资源可用性，推动数据资源标准化、规范化建设，开展数据分类分级管理，强化数据源头治理和质量监督检查，实现数据质量可反馈、使用过程可追溯、数据异议可处置。

在运营监督方面，文件指出要建立公共数据资源授权运营情况披露机制，按规定公开授权对象、内容、范围和时限等授权运营情况。运营机构应公开公共数据产品和服务能力清单，披露公共数据资源使用情况，接受社会监督。运营机构应依法依规在授权范围内开展业务，不得实施与其他经营主体达成垄断协议或滥用市场支配地位等垄断行为，不得实施不正当竞争行为。在价格形成机制方面，文件指出要建立健全价格形成机制，维护公共利益。发挥好价格政策的杠杆调节作用，加快建立符合公共数据要素特性的价格形成机制。指导推动用于公共治理、公益事业的公共数据产品和服务有条件无偿使用。用于产业发展、行业发展的公共数据经营性产品和服务，确需收费的，实行政府指导定价管理。文件指出工作的主要目标是：到2025年，公共数据资源开发利用制度规则初步建立，资源供给规模和质量明显提升，数据产品和服务不断丰富，重点行业、地区公共数据资源开发利用取得明显成效，培育一批数据要素型企业，公共数据资源要素作用初步显现。到2030年，公共数据资源开发利用制度规则更加成熟，资源开发利用体系全面建成，数据流通使用合规高效，公共数据在赋能实体经济、扩大消费需求、拓展投资空间、提升治理能力中的要素作用充分发挥。

《关于推进实施国家文化数字化战略的意见》指出，应以国家文化大数据体系建设为抓手，推动中华民族最基本的文化基因与当代文化相适应、与现代社会相协调，发展中国特色社会主义文化，凝魂聚气、强基固本，建设中华民族共有精神家园，提升国家文化软实力，维护国家文化安全和意识形态安全。并提出了关联形成中华文化数据库、夯实文化数字化基础设施、搭建文化数据服务平台、促进文化机构数字化转型升级、发展数字化文化消费新场景、提升公共文化服务数字化水平、加快文化产业数字化布局、构建文化数字化治理体系等重点任务。

另外，国家相关部门制定了多项促进数据要素合理流动，加快数据开发利用的政策，如财政部印发的《关于加强数据资产管理的指导意见》明确提出，有序推进数据资产化，加强数据资产全过程管理，并鼓励依法依规推进公共数据资产有效供给。这些政策文件为地方政府和部门开展公共数据资产授权运营提供了政策依据和指导方向。国家政策中推动公共数据资产授权运营的一个重要方向是推动数据要素市场化配置。通过完善数据要素市场体系，可以促进数据要素的合理流动，提高数据要素的使用效率和价值，并且有助于激发数据要素市场的活力和创新力，推动数字经济的高质量发展。国家政策还注重加强数据资产的管理和保护。通过制定数据资产管理制度和规范，明确数据资产的权属、使用、流转等规则，保障数据资产的安全和合规性。同时，加强对数据资产的监管和风险防范，确保数据资产的合法合规授权运营。国家政策鼓励公共数据资源的开发利用，推动公共数据资产的有效供给。通过授权运营、数据开放共享等方式，可以促进公共数据资源的合理利用和价值释放，并且有助于提升公共服务的水平和效率，推动数字经济的创新发展。

总之，国家政策在推动公共数据资产授权运营方面发挥了重要作用。通过制定指导意见和政策文件、推动数据要素市场化配置、加强数据资产管理和保护以及鼓励公共数据资源的开发利用等措施，促进了公共数据资产的有效运营和价值释放。

2. 地方政策创新

各地政府也相继发布了公共数据授权运营的地方政策，推动建立完善的工作机制。这些政策呈现出概念界定逐步清晰、推进思路各具特色、落地方案细化创新等特点，为公共数据资产授权运营提供了更加具体的操作指南。其中，2021年3月，北京市成立了首家基于"数据可用不可见，用途可控可计量"新型交易范式的北京国际大数据交易所，其定位是打造国内领先的数据交易基础设施和国际重要的数据跨境流通枢纽；2023年4月，广州市发布《广州市公共数据开放管理办法》，旨在规范和促进全市公共数据的开放和开发利用，提升政府治理能力和公共服务水平；同年11月，通过发布《关于更好发挥数据要素作用推动广州高质量发展的实施意见》，强调以数据的合规高效流通使用和赋能实体经济为主线，推动数据基础制度建设，并促进数据要素与实体经济的深度融合。

总的来说，地方政策的创新体现了对数据要素市场化配置的重视，以及对公共数据资产授权运营的探索和实践。这些创新有助于推动数据要素与实体经济的深度融合，提升政府治理能力和公共服务水平，同时也为数据的合规高效流通使用和赋能实体经济提供了有力保障。

3. 法规保障

公共数据资产授权运营的法规保障涵盖了多个方面，其中数据安全保护、隐私保护和合规要求是其核心。数据安全保护旨在确保数据的完整性、可用性和机密性，防止数据被非法获取、篡改或破坏；隐私保护则重点关注个人信息的保护，防止个人隐私被滥用或泄露；而合规要求则是指数据资产授权运营必须符合国家法律法规的规定，确保数据的来源合法和正当使用。除了涉及数据的《个人信息保护法》《数据安全法》和《网络安全法》外，还有《信息网络传播权保护条例（2013修订）》《征信业管理条例》《中华人民共和国计算机信息网络国际联网管理暂行规定（2024修订）》《中华人民共和国计算机信息系统安全保护条例（2011修订）》《互联网信息服务管理办法（2011修订）》等行政法规，以及《网络产品安全漏洞管理规定》《网络交易监督管理办法》《交通运输政务数据共享管理办法》《互联网用户公众账号信息服务管理规定（2021修订）》《涉密信息系统集成资质管理办法（2020）》《网络安全审查办法（2021）》等部分规章及规范性文件等。

在实际应用中，法规保障为公共数据资产授权运营提供了坚实的法律基础。以一些智慧城市项目为例，该项目通过整合城市各类公共数据，为市民提供更加便捷的服务。在法规保障的指引下，该项目严格遵循数据保护和隐私政策，确保个人信息的安全与隐私。同时，通过合规操作，该项目成功实现了数据的价值转化，为城市管理提供了有力支持，也为市民带来了实实在在的便利。据统计，在完善的法规保障下，公共数据资产授权运营项目不仅能够有效降低数据泄露和滥用的风险，还能显著提升数据的利用效率和价值。这表明，法规保障在公共数据资产授权运营中发挥着不可或缺的作用，为数据的安全与价值释放提供了有力支撑。

公共数据资产授权运营的法律保障是确保数据安全与价值释放的关键。通过加强数据保护、隐私政策和合规要求等方面的法规建设，能够更好地守护数据安全，促进数据的创新应用，为社会进步和经济发展注入强大动力。最为重要的是，法律赋予了一体化、智能化公共数据平台相应的法律地位，并提出了对平台的建设要求，这也为公共数据资产授权运营提供了强大的技术支撑。

2.3.2 公共数据资产授权运营的技术环境

公共数据资产授权运营的技术环境是支撑整个运营过程的关键因素，涉及数据的采集、处理、分析、存储、安全和流通等多个环节，包括技术基础设施、数据挖掘与机器学习、数据安全与隐私保护技术等内容。

1. 技术基础设施

数据技术基础设施是确保数据价值流通的基础和关键，它是以数据创新为驱动、通信网络为基础、数据算力设施为核心的基础设施体系，主要涉及5G、数据中心、云计算、人工智能、物联网、区块链等新一代信息通信技术，以及基于此类技术形成的各类数字平台。新技术基础设施包括信息基础设施、融合基础设施和创新基础设施。信息基础设施主要指基于新一代信息技术演化生成的基础设施。融合基础设施主要指深度应用互联网、大数据、人工智能等技术，支持传统基础设施转型升级，进而形成的融合基础设施。创新基础设施主要指支撑科学研究、技术开发、产品研制的具有公益属性的基础设施。

随着大数据、云计算、人工智能等数字技术的不断发展，公共数据的处理、分析和挖掘能力得到了显著提升。这些技术为公共数据资产授权运营提供了强大的技术支持。

2. 数据挖掘与机器学习

（1）数据挖掘。

数据挖掘是从大量数据中通过特定算法对已有数据进行处理和分析，从而发现隐藏在数据中的模式、规律和知识的过程。它是一种决策支持过程，主要基于人工智能、机器学习、模式识别、统计学、数据库、可视化等技术，高度自动化地分析企业的数据，作出归纳性的推理，从中挖掘出潜在的模式，帮助决策者调整市场策略，减少风险，作出正确的决策。它主要由数据准备、数据挖掘、结果表达和解释三个阶段组成。其特点在于能处理大规模、多源、多格式的数据，并能够应对数据的不确定性、变化性和复杂性。

数据挖掘通常与计算机科学有关，它是通过统计、在线分析处理、情报检索、机器学习、依靠专家经验和模式识别等诸多方法来实现决策支持过程的。

（2）机器学习。

机器学习是人工智能的一个子领域，它使计算机能够从数据中自主地学习出知识和模式，进而进行决策和预测。机器学习涉及多种学科，如概率论、统计学等，并可以通过各种算法来优化计算机程序的性能。通过数据挖掘和机器学习，可以从公共数据中提取有价值的信息和模式，为决策者提供支持。

数据挖掘和机器学习在多个领域有广泛应用，如电商推荐系统、金融风险控制、医疗健康病例分析等。在这些场景中，数据挖掘和机器学习常常相互结合，以提高业务效率、优化决策过程。

3. 数据安全与隐私保护技术

随着计算机技术的迅速发展与网络的普及，信息网络已成为社会发展的重要推动因素。计算机与网络技术的应用已渗透到政府、军事、文教与日常生活的各个方面，数据安全与隐私保护已经成为个人、企业和政府关注的重点领域。从技术角度看，数据安全与隐私保护技术涉及的内容包括数据加密算法、数字签名技术、磁盘加密技术、信息隐藏技术、计算机反病毒技术、数据库安全技术、网络加密及网络防火墙技术等。实现数据安全与隐私保护通常有以下三种技术途径。

（1）数据加密。

将数据转化为无法被理解的密文，只有用相应的密钥才能解密。通过数据加密技术，确保公共数据在传输和存储过程中的安全性。

（2）匿名化与脱敏技术。

采用数据加密技术对敏感数据进行保护，同时使用数据脱敏技术对部分数据进行匿名化处理，以保护个人隐私。

（3）访问控制与身份认证。

实施严格的访问控制和身份认证机制，确保只有授权用户才能访问敏感数据。

2.3.3 公共数据资产授权运营的市场环境

1. 市场需求与供给

（1）市场需求。

随着数字经济的发展，越来越多的企业和机构对公共数据产生了强烈的需求。这些需求不仅来自城市管理、环境监控等公共领域，也来自银行营销、风险控制等商业领域。

① 数据驱动的决策需求。

随着数字化转型的推进，政府和企业越来越依赖于数据驱动的决策。公共数据，特别是那些涉及社会经济、人口统计、交通物流等领域的数据，对于政策制定和市场分析至关重要。

② 智慧城市与公共服务优化需求。

智慧城市的建设需要大量的公共数据来优化城市交通、能源管理、环境保护等公共服务。这些数据需求促进了公共数据资产授权运营市场的发展。

③ 商业分析与市场营销需求。

企业对于市场趋势、消费者行为等数据的渴求推动了对相应公共数据的需求。这些数据有助于企业制定更精准的营销策略和优化产品服务。

（2）市场供给。

目前，公共数据主要来源于政府部门和公共服务机构。这些机构在依法履职或提供服务过程中产生了大量的数据资源，为公共数据资产授权运营提供了丰富的渠道和内容。

① 政府数据开放。

各级政府逐步推动公共数据的开放与共享，为市场提供了丰富的数据来源。例如，通过数据开放平台，企业和研究机构可以获取到多种类型的公共数据。

② 数据服务提供商。

专业的数据服务提供商通过采集、整合和处理公共数据，为市场提供高质量的数据产品和服务。这些服务商在数据的准确性、时效性和可用性方面提供了保证。

③ 技术创新与数据挖掘。

随着大数据、云计算等技术的发展，数据挖掘和分析能力得到了显著提升。这使得从海量公共数据中提取有价值信息成为可能，进一步丰富了市场供给。

(3) 供需平衡与挑战。

虽然市场需求旺盛，供给也在逐步增加，但公共数据资产授权运营市场仍面临一些挑战。例如，数据质量的不稳定、数据安全隐患、数据隐私保护问题等都可能影响市场的供需平衡。此外，如何确保数据的合规性、如何降低数据获取和处理的成本也是市场需要解决的问题。

2. 市场竞争机制

公共数据授权运营正在成为主流的数据开发利用模式，即政府或相关机构向公众提供公共数据，并在符合一定条件和限制的情况下，授权其使用、共享和加工这些数据。通过市场化方式，可以更好地体现公共数据的特征和价值，促进数据的流通和使用。

随着数字化转型的推进和大数据技术的发展，公共数据的价值日益凸显，其授权运营成为释放数据价值、促进数据要素市场发展和提升公共服务水平的关键举措。

(1) 竞争者数量。

随着公共数据资产授权运营市场的不断发展，越来越多的企业和机构加入竞争，包括传统的 IT 服务商、数据管理解决方案提供商以及新兴的大数据和人工智能企业。

(2) 竞争焦点。

竞争者之间竞争的主要焦点集中在技术实力、服务质量、数据资源获取能力等方面。具备先进技术、优质服务和丰富数据资源的企业将在市场中占据优势地位。

① 数据资源与质量。

在公共数据资产授权运营市场中，谁能够掌握更丰富、更准确、更实时的数据资源，谁就能在竞争中占据优势。因此，竞争者会努力获取更多、更高质量的数据，并对其进行有效的整合和处理。

② 技术创新能力。

技术是驱动公共数据资产授权运营市场发展的关键。竞争者会不断进行研发，提升数据处理、分析和挖掘的能力，以提供更高效、更精准的数据服务。同时，技术创新也体现在数据安全与隐私保护方面，以确保数据在授权运营过程中的安全性和合规性。

③ 服务模式和用户体验。

提供个性化的数据服务、优化用户界面、增强交互体验等，都是提升竞争力的关键。竞争者会努力打造独特的服务模式，以满足不同用户的需求，并通过提供优质的服务来吸引和留住客户。

3. 市场机会与挑战

（1）市场机会。

国家政策对公共数据资产授权运营的扶持以及数字化转型的趋势为市场带来了巨大的发展机会。此外，新技术如人工智能、云计算等的发展也为公共数据资产授权运营提供了更多的应用场景和增值服务。公共数据蕴含着丰富的价值，通过有效的授权运营和开发，可以助力经济发展、丰富人民生活并提升社会治理水平，数据的价值转化和开发将成为未来市场的重要增长点。

（2）挑战。

在市场竞争中，如何确保数据的安全与隐私保护、如何提高数据的处理效率和分析能力、如何明确数据价值开发路径、如何满足不断变化的客户需求等都是市场参与者面临的挑战。

随着我国数字化转型的加速和大数据技术的快速发展，公共数据资产授权运营市场的规模正在不断扩大，并预计未来也将继续保持快速扩张的态势。

2.3.4　公共数据资产授权运营的社会环境

公共数据资产授权运营除了上面提到的政策环境、技术支撑、市场环境之外，还需要社会的参与，涉及社会需求、公众参与、国际合作等方面的社会环境。

1. 社会需求环境

社会需求是实现公共数据资产运用的前提和基础，社会需求是指公共数据资产形成的产品或者服务能够满足社会的需要，以此推动社会与经济的发展。涉及政府、数据授权主体、数据运营者、最终消费者、技术提供者等多个利益主体，这些主体从不同的方面为公共数据资产提供产品或服务，或者实现这些产品或服务的开发利用，从而满足社会需求。

公共数据资产产品或服务的需求主要体现在以下几个方面。一是政府服务的数字化转型。随着政府服务的数字化转型，政府对公共数据的需求日益增长，并利用公共数据来提高其服务效率和质量。例如，通过数据驱动的决策支持系统，可以更有效地进行资源配置和政策制定。二是数据驱动的经济发展。企业和组织需要公共数据来推动创新，优化产品和服务，以及开拓新的商业模式。公共数据的开放和共享可以促进数据驱动的经济发展。二是社会治理和公共安全。公共数据在社会治理、公共安全、城市规划、环境保护等领域发挥着重要作用。例如，通过分析公共数据，可以更好地进行交通管理、灾害预警和应急响应。四是科学研究和教育需求。公共数据为科研人员提供了丰富的研究材料，这有助于推动科学发现和技术创新。同时，公共数据也是教育领域的重要资源，可以用于教学和培养学生的数据素养。五是普惠金融领域的需求。公共数据在金融领域的应用需求日益增长，尤其是在普惠金融方面。例如，通过分析公共数据，金融机构可以更准确地评估信贷风险，为中小企业和个人提供更便捷的金融服务。六是不同行业的应用需求。不同行业对公共数据的需求各有侧重，如医疗健康、交通运输、教育、科技等领域需要公共数据来支持其特定的应用场景。七是公共数据产品开发和服务创新需求。随着技术的发展，市场对创新的数据产品和服务的需求不断增长，这要求公共数据资产的供给能够跟上技术进步和市场需求的步伐。八是数据安全和隐私保护需求。在利用公共数据的同时，也需要确保数据和个人隐私的安全，这要求公共数据资产产品或服务在设计和实施时必须考虑到数据安全和隐私保护的需求。

综上所述，公共数据资产产品或服务的需求覆盖了政府、企业、社会组织以及个人等多个层面，涉及经济、社会、科技等多个领域，其目的是通过数据的高效利用来推动社会进步和经济发展。同时，随着数字经济的快速发展，这些需求还在不断演变和扩展。

2. 公众参与意识

公众在社会环境中扮演着重要角色，其参与程度直接关系到数据开发利用程度。通过提高公众参与数据开放共享和开放利用的意识，可以烘托出良好的数据开发利用氛围，推动公共数据资产产品或服务的有效供给，促进数据资产治理体系的合理化，促进公共数据资产产品或服务的有效使用，增强消费者和管理者的社会责任感。公众参与意识的提升需要通过教育和宣传活动来实现，这包括开展教育课程和研讨会、利用媒体宣传、组织公共讲座和工作坊、推广数据素养计划、政策解读、案例研究和成功故事分享、数据资产价值评估教育、数据资产的经济效益宣传、鼓励参与式活动等。

随着社会经济的发展，公众对公共数据资产产品或服务需求不断变化，对政府的公共服务职能和管理水平提出了更高要求。数字化的服务通过加强公众与政府间的交流与沟通，促进了双方的合作互动。此外，公众参与还有助于发挥数据资产治理中的监督作用，强化政府的受托责任和数据平台授权运营的效率，让民众更广泛、更深入地享受数字化的成果。

所以，公众参与意识在数据资产产品或服务的开发利用中的作用是多方面的，不仅能够促进公共数据资产产品或服务的有效供给，还能够推动公共数据资产治理的现代化。

3. 国际合作环境

公共数据资产方面的国际合作是推动全球数字经济发展的关键因素，它涉及多个层面的合作与交流，如数据的跨境流动、数字经济国际合作、数字经济治理合作、数据标准制定合作等。

我国积极推动数据跨境流动的国际合作，与德国、新加坡等国家签署了数据跨境流动合作协议，以促进数据的安全有序流动，这些合作有助于建立公平、公正、非歧视的营商环境，推动数字贸易和数字经济的发展。我国积极参与数字经济国际合作，推动全球数字治理变革，通过与数字伙伴的合作、加强数字技术合作、参与数字技术国际标准制定、推动数字贸易领域扩大开放，有助于我国在国际上提出中国方案、发出中国声音。我国还积极参与国际组织数字经济议题的谈判与体制建设，并致力于推动建立开放、公平、非歧视的数字营商环境，破解当前的全球数字治理问题。

数据资产标准合作是全球数字化转型和数据驱动决策的关键组成部分，在国际合作环境中，数据资产标准的制定和实施对于确保数据的互操作性、质量和安全性至关重要。在国际标准的制定中，全球首个数据资产管理国际标准（ISO 55013 标准）已经由国际标准化组织正式发布，这一标准提供了在全球范围内适用的、系统全面的数据全生命周期管理指南，有助于机构更好地管理和利用数据资产。该标准强调了数据资产的全面管理，包括数据资产的识别与分类、评估、治理等方面，为组织提供了一套全面的管理方法论。在数据治理标准方面，国际标准化组织的数据标准涵盖了数据的定义、收集、存储、分析、使用、保护等各环节，为数据生命周期管理、数据质量管理、数据安全与保护、数据治理、数据价值实现等提供了详细的实施指南和方法。

这些国际合作和标准的制定有助于数据资产的标准化管理，提升全球数据治理的水平，促进数据的高效利用，以及数字经济的高质量发展。

除了上面提到的社会需求、公众参与、国际合作环境外，人文环境、风俗习惯、气候环境等方面也会发挥较大的作用。

第 3 章

公共数据资产授权运营过程

公共数据资产授权运营是授权主体将其持有的数据资源依法按照程序授权给运营主体,由其对经授权的数据资产进行加工与开发,形成数据产品和服务,并向社会开放利用,发挥数据资产作用的过程。公共数据资产授权运营涉及公共数据资产授权、公共数据资产流通、公共数据资产应用以及公共数据资产授权运营监管等多个方面。

3.1 公共数据资产授权

3.1.1 公共数据资产授权的含义

公共数据资产授权是指政府、公共机构或其他法定授权单位,在遵循国家法律法规、保障数据安全与隐私、维护公共利益的前提下,对其在公共管理、服务或监管过程中产生、收集、整合的公共数据资源,通过一套系统化、规范化的程序与机制,向具备相应条件、能够承担数据保护责任并承诺合法合规使用数据的组织或个人授予特定权限的过程。它涵盖了数据权限的赋予、数据使用的规范与约束、被授权方的资质审核与监督管理,以及推动数据开放共享与经济发展等多个方面。

公共数据资产的授权过程不仅仅是对数据访问权限的简单分配,更是对数据使用目的、范围、方式、期限以及数据安全保护措施的全面规范和约束。授权主体需要明确界定哪些数据可以授权,哪些数据因涉及国家安全、商业秘密、个人隐私等敏感信息而需要被严格保护,进而避免数据资产的泄露或滥用。

同时,公共数据资产授权还涉及对被授权方的资质审核、能力评估、监督管理和责任追究等环节。授权主体需要确保被授权方具备足够的技术实力、管理能力和安全保障措施,能够合法、安全、有效地使用和管理公共数据。此外,还需要建立有效的监督机制,对被授权方的数据使用行为进行实时监控和定期评估,确保被授权方遵守相关法律法规和授权协议的要求。

公共数据资产授权是一个复杂而精细的过程,需要政府、企业、社会各方共同参与和努力,以实现数据资源的最大化利用和社会价值的最大化创造。

3.1.2 公共数据资产授权的必要性

公共数据资产授权是公共数据资产开放共享和开发利用的前提和基础，授权是公共数据资产进入使用阶段面临的首要问题。

1. 公共数据资产授权的现实需求

公共数据资产授权面临着现实的社会需求，主要体现在以下四个方面。

一是公共数据资产授权可以促进数据资源的高效利用。公共数据由政府部门和公共服务机构在履行职责过程中产生，具有规模大、范围广、价值高的特点。然而，由于数据孤岛、信息壁垒等问题的存在，这些数据往往被限制在特定部门或系统内，难以实现跨部门、跨系统的共享和利用。公共数据资产授权可以通过明确的数据使用权限和管理机制，打破这些壁垒，促进数据资源的高效利用。

二是公共数据资产授权可以推动公共数据的应用发展。公共数据作为政府掌握的重要数据资源，其开发和利用对于推动数字经济发展具有重要意义。通过授权运营，可以吸引更多的企业和机构参与到公共数据的开发利用中来，推动数据技术创新和应用，催生新的产业模式和经济增长点。

三是公共数据资产授权可以提升政府治理能力和公共服务水平。政府治理和公共服务的优化需要依托全面、准确的数据支持。公共数据资产授权可以促进政府内部数据资源的共享和整合，提高政府决策的科学性和精准性。同时，通过开放部分公共数据，可以鼓励社会力量参与公共服务创新，提升公共服务的质量和效率。

四是公共数据资产授权可以应对数据安全与隐私保护挑战。随着数据数量的快速增长和数据应用场景的不断拓展，数据安全和隐私保护成为目前亟待解决的问题之一。公共数据资产授权可以通过建立严格的数据使用规范和监管机制，确保数据在授权范围内合法、安全地使用，有效防范数据泄露和滥用风险。

2. 公共数据资产授权的政策要求

公共数据资产授权是国家高质量发展的必然要求，也是建设全国统一大市场的有效途径，国家出台的相关政策文件内容主要体现在国家发展规划、数据要素市场建设和法律法规三个方面。

一是为顺应国家发展规划需要。近年来，国家层面高度重视数据要素市场的培育和发展。《中华人民共和国国民经济和社会发展第十四个五年规划和2035年远景目标纲要》（以下简称《纲要》）、《"十四五"大数据产业发展规划》等文件明确提出要开展政府数据授权运营试点，鼓励第三方深化对公共数据的挖掘利用，这些规划文件为公共数据资产授权提供了政策依据和方向指引。

二是数据要素市场建设的需要。"数据二十条"提出了构建数据基础制度的总体要求和工作原则，包括遵循发展规律、共享共用、强化优质供给和完善治理体系。文件强调了数据要素在国家发展和安全中的重要性，并提出了加快培育数据要素市场、发挥大数据特性优势、夯实产业发展基础等重点任务。《中共中央 国务院关于加快建设全国统一大市场的意见》提出了建设全国统一大市场的总体要求，数据要素市场是全国统一大市场的重要组成部分，数据要素市场的建设需要完善的数据产权、交易流通、收益分配等制度保障。公共数据资产授权作为数据要素市场建设的重要组成部分，通过明确数据产权归属和使用规则、推动数据资源标准体系建设、提升数据资源管理水平和处理能力，以及培育和支持社会化数据服务商来提升数据加工处理水平。同时，数据要素市场的建设还需要创新数据要素开发利用机制，促进数据、技术、场景在实体经济中的深度融合，通过数据要素的放大、叠加、倍增作用赋能传统产业转型升级，这些都需要授权才可以进行。

由国家数据局联合其他16个部门共同发布的《"数据要素×"三年行动计划（2024—2026年）》中提出通过发挥数据要素的乘数效应，赋能经济社会发展。该计划强调需求牵引、试点先行、有效市场和开放融合等原则，并明确了到2026年底的工作目标。计划选取了工业制造、现代农业、商贸流通等12个行业和领域，推动数据要素的价值释放。该行动计划从提升数据供给水平、优化数据流通环境、加强数据安全保障等方面提供保障支撑，并提出了加强组织领导、开展试点工作、推动以赛促用、加强资金支持和宣传推广等措施来确保实施效果。这些具体措施的落实，也需要授权才能进行。

三是法律法规的完善与支持。随着《数据安全法》《个人信息保护法》等法律法规的出台和实施，数据安全和隐私保护的法律框架不断完善。这些法律法规为公共数据资产授权提供了法律支撑和保障，并要求在授权过程中必须严格遵守相关法律法规的规定，以确保在数据使用过程中的合法性和合规性。

《数据安全法》确立了数据分类分级管理规则，建立了数据安全风险评估、监测预警、应急处置等基本制度，并明确了相关主体的数据安全保护义务，强调数据安全与发展并重，保护个人、组织的合法权益，并维护国家主权、安全和发展利益。该法律还制定了数据跨境流动的安全管理规则和对境外数据处理活动的管辖原则。同时，要求数据处理者建立健全全流程数据安全管理制度，加强风险监测，发现风险时立即采取补救措施，并在发生数据安全事件时及时告知用户和报告主管部门，对提供数据处理相关服务的机构，规定其必须依法取得相应的行政许可。《个人信息保护法》的出台，为个人信息权益提供了全面的法律保护，确立了个人信息处理的基本原则和规则，强化了个人信息处理者的义务，赋予了个人充分的权利，并明确了违法行为的法律责任，这些规定旨在构建一个权责明确、保护有效、利用规范的个人信息处理环境。如个人对其个人信息享有知情权、决定权，则个人有权限制或拒绝他人处理其个人信息，个人还有权查阅、复制、更正、补充、删除个人信息，并要求个人信息处理者提供解释说明。对于个人信息处理者处理敏感个人信息时则应当取得个人的单独同意，并对个人信息数据采取更严格的保护措施。所以法律的保护也为授权提供了依据。

3.1.3 公共数据资产授权形式

公共数据资产的授权仍然处于探索阶段，国家层面允许各地结合本地的实际情况，对公共数据资产的授权方式进行探索，并进行有益的尝试。

公共数据资产授权采用细化的分级授权模式，旨在确保数据的安全性与高效利用达到最佳平衡。这一模式基于数据的敏感性、价值密度及用途等因素，将数据划分为不同等级，并据此设定相应的访问权限和管理要求。具体而言，关键性、高敏感度的公共数据将受到更为严格的保护，而相对公开、低敏感度的数据则可在更广泛的范围内流通和利用。

如北京市提出了分领域授权建设公共数据专区的概念。其中大数据主管部门发挥着重要作用，该部门负责统筹协调、制定规则、指导监督等工作，并依托本市信息化基础设施为各专区提供共性技术支持。同时，北京市大数据主管部门还制定了公共数据专区授权运营绩效考核评估指标体系，对专区运营单位进行定期评估，优秀者将获得更多资金支持与政策倾斜，而表现较差者则可能面临终止授权运营协议等后果。浙江省提出了分级授权形式，即在全域范围内设立了多个试点，以先行的方式探索公共数据授权运营的模式和机制，在省、市、区（县）三级政府中建立了公共数据授权运营管理工作协调机制。广西壮族自治区统一授权、分类实施，选定了自然资源、交通、农业、工业、电力等六个重点领域，在"智桂通"及其依法设立的数据交易平台上展开了公共数据授权运营，规范入围、申请、审核、公布、登记、备案、交付、中止等授权运营管理活动，提升数据授权运营的规范性和效率。福建省则提出了统一规划、二级授权的方式，其公共数据授权运营由福建省政府设立的大数据集团负责管理，作为公共数据资源的一级开发主体，该集团建立了统一的平台，以及公共支撑、组件支撑和公共资源配给机制，与二级开发主体签订数据使用和安全保障协议，提供数据运维保障和技术支持。济南市则采取大数据主管部门综合授权、数据提供单位分领域授权的方式，形成了多元化的公共数据授权方式。

总的来看，授权主体由各级人民政府数据主管部门统一负责，以确保政策的一致性、权威性和高效性。这些主管部门将依据相关法律法规、国家规划及本地实际情况，制定具体的授权标准和流程，对符合条件的组织进行筛选和授权。而对于公共数据的直接开发利用主体，则由各级政府部门根据实际需求和工作安排，进行有针对性的授权，以促进数据的精准投放和高效利用。

3.1.4 公共数据资产授权程序

公共数据资产授权需要经过必要的程序，流程主要有资质申请、资质审核、主体公示、协议签订、授权期限和终止、推荐与再认定六个阶段，各阶段行为、主要任务和要求如表 3-1 所示，具体内容如下。

表 3-1 公共数据资产授权程序的各阶段行为、主要任务和要求

阶段	行为	主要任务和要求
资质申请	申请主体了解申请条件并提交材料	阅读征集通告，提交企业基本情况、财务报表、技术能力证明、安全保障措施和项目案例等材料
资质审核	主管部门审核申请材料并反馈补充或说明	审核申请主体的材料；要求补充或说明材料不全或疑问项
主体公示	审核通过的申请主体进行公示，接受监督	公示不少于 5 个工作日；接受异议和监督
协议签订	签订授权运营协议并明确权利和义务	明确运营范围、期限、权利义务、使用规范等；正式获得授权运营资格

续表

阶段	行为	主要任务和要求
授权期限和终止	设定授权期限并规定终止后的处理方法	授权期限通常不超过3年； 终止后关闭权限，确保数据安全和网络日志合规管理
推荐与再认定	政府部门推荐主体或授权期满后的再认定	经过审核和公示程序； 确保推荐主体或再认定主体符合要求

1. 资质申请阶段

在这一阶段，各级政府部门作为公共数据的管理者和推动者，首先会在其官方网站、公共数据平台或相关媒体上发布公共数据开发利用主体征集通告。该通告不仅明确了申请成为开发利用主体的目的、意义及重要性，还详细列出了申请条件、所需材料清单、申请流程、截止日期等关键信息，以确保所有潜在申请主体都能充分了解并准备相应的申请材料。

开发利用申请主体在阅读并理解通告内容后，需按照要求准备齐全的申请材料。这些材料可能包括但不限于企业基本情况介绍、营业执照副本、法定代表人身份证明、技术团队介绍及资质证明、数据管理能力和安全保障措施说明、过往成功案例或项目经验证明等。申请主体需确保所有材料的真实性、准确性和完整性，并在规定的时间内通过指定渠道提交给相应的政府部门。

2. 资质审核阶段

收到申请材料后，政府部门会立即启动资质审核程序。这一阶段由专业的审核团队负责，他们会对申请主体提交的材料进行全面、细致的审核。审核内容主要围绕申请主体的资质条件、技术能力、数据管理能力、安全保障措施以及是否符合公共数据开发利用的其他规定要求等方面展开。

审核过程中，政府部门可能会采取多种方式进行核实，如电话询问、现场考察、专家评审等，以确保审核结果的客观性和准确性。对于材料不全或存在疑问的情况，政府部门会及时通知申请主体进行补充或说明。经过严格审核，符合所有条件的申请主体将被视为通过资质审核，进入下一阶段。

3. 主体公示阶段

为了确保公共数据开发利用主体授权程序的透明度和公正性，同级政府部门会将通过资质审核的申请主体名单在公共数据平台上进行公示。公示期一般不低于 5 个工作日，期间接受社会各界的监督和反馈。公示内容通常包括申请主体的名称、基本情况、申请领域、审核结果等信息。

在公示期内，如有任何单位或个人对公示结果有异议，可以向政府部门提出书面意见或建议。政府部门将认真听取并核实相关意见或建议，必要时会重新进行审核或调查。公示期满且无异议或异议处理完毕后，申请主体将正式获得公共数据开发利用主体的资格。

4. 协议签订阶段

在确认申请主体获得资格后，同级政府部门会与其签订授权运营协议。该协议是双方权利义务的法律依据，内容通常包括但不限于授权开发利用的数据范围、期限、使用方式，数据安全保障措施，知识产权归属，违约责任及争议解决机制等关键条款。

协议签订前，政府部门会与申请主体进行充分的沟通和协商，确保双方对协议内容达成共识并理解其法律效力。协议签订后，双方需严格按照协议约定履行各自的权利和义务，共同推动公共数据的有效开发和利用。

5. 授权期限和终止阶段

在签订合同时，政府部门与授权单位在合同中须明确双方的权利与义务、授权的期限，以及双方在授权期限内需要完成的任务，约定各项任务的数量和质量，对于达不到条款要求的，需要进行相关的处罚。同时，授权期限是合同中的重要条款，双方须约定明确的授权期限，并规定终止后的处理方法。

合同终止后，在没有续期情况下，政府部门需要关闭相关的数据处理端口和收回访问权限，确保数据安全和网络日志合规管理。

6. 推荐与再认定阶段

授权主体到期后，政府部门需要重新筛选有资格的授权主体。经过一个周期的授权运营后，政府部门就会对授权的实际情况进行评估，总结经验和查找不足，这对下一轮的授权主体筛选具有重要的参考作用。此时政府部门在熟悉情况后，可以自行推荐符合要求、有资质的单位参与竞争，进而提高工作效率和管理水平。

同时，政府部门也可以在合同期满后对运营单位的绩效进行评价，决定是否继续对其进行授权运营。

3.1.5 公共数据资产申请授权条件

在申请成为公共数据资产开发利用主体的过程中，申请单位需满足一系列的约束条件，以确保其具备有效、安全且合规地开发利用公共数据的能力。

1. 具备申请领域公共数据开发利用能力

此条件要求申请人必须在其申请涉及的特定领域内，展现出扎实的专业知识、技术实力和实践经验，能够高效、准确地对该领域内的公共数据进行收集、整理、分析、挖掘和应用。申请人应能够提供具体的案例或项目证明，展示其在该领域内已成功开展的公共数据开发利用项目，以及通过这些项目所取得的显著成效，如提升政府决策效率、优化公共服务质量、促进产业发展等。

2. 具备成熟的数据管理能力和数据安全保障能力

数据管理能力方面，申请人需建立完善的数据管理体系，包括数据采集、存储、处理、分析、共享和销毁等全生命周期的管理机制。这要求申请人具备高效的数据处理能力，能够迅速响应数据需求，实现数据的快速整合与利用。同时，申请人还需注重数据质量的管理，确保数据的准确性、完整性、时效性和一致性。

在数据安全保障能力方面，申请人必须严格遵守国家关于数据安全和个人隐私保护的法律法规，建立健全的数据安全保护制度和技术措施。这包括但不限于数据加密、访问控制、安全审计、备份恢复、应急响应等方面的能力，以确保公共数据在开发利用过程中不被非法获取、泄露、篡改或滥用。

3. 符合公共数据授权运营的其他规定要求

除了上述两项核心约束条件外，申请人还需满足一系列与公共数据授权运营相关的其他规定要求。这些要求可能包括但不限于遵守国家关于公共数据开放共享的政策导向和原则；具备合法有效的企业法人资格或相应的组织资质；具有良好的商业信誉和社会责任感；能够积极配合政府部门的监管和指导等。

4. 禁止申请的情形

对于因违法经营受到刑事处罚或者责令停产停业、吊销许可证或者执照、较大数额罚款等行政处罚的申请人，将一律被禁止申请成为公共数据资产开发利用主体。这一规定旨在维护公共数据市场的良好秩序，防止不良企业或个人利用公共数据进行非法活动或损害公共利益。同时，也是对守法经营、诚信经营的申请人的鼓励和支持。具体申请条件如图3-1所示。

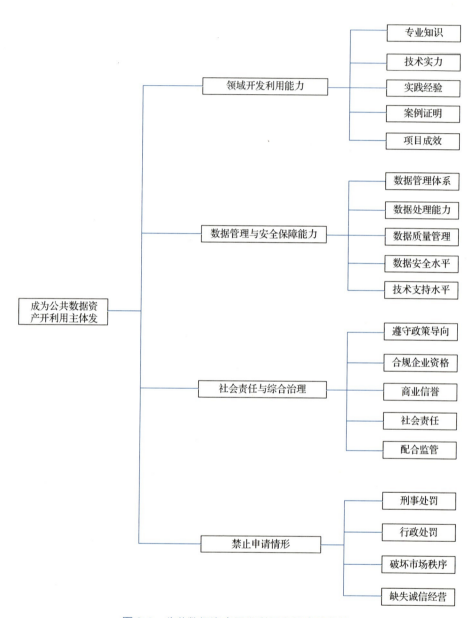

图 3-1 公共数据资产开发利用主体申请条件

3.2 公共数据资产流通

3.2.1 公共数据资产流通的含义

公共数据资产流通是指将政府在履行职责过程中产生的各类数据资源，通过合法合规的方式，转化为可以在市场上流通和交易的数据资产，以实现数据的经济价值和社会价值。这一过程涉及数据的收集、加工、存储、管理、交易等多个环节，需要确保数据的安全、合规，并保护个人隐私和国家安全。

公共数据资产流通的关键在于数据价值化，这包括将数据对象化、产品化，使其具备市场交易的条件。数据产品化的本质是形成数据交换价值，实现数据价值的过程。例如，广东省在推动公共数据资源"一本账"管理的同时，通过资产化使数据资源实现跨域、跨链验证、共享、交易，并使数据成为生产要素参与市场化配置。

在数据资产化的过程中，需要解决数据权益权属、数据内容安全、数据来源可信、数据权限可控、数据去向可查等问题。这需要建立相应的法律框架和相关政策支持（如《中共中央、国务院关于构建更加完善的要素市场化配置体制机制的意见》和《广东省数据要素市场化配置改革行动方案》等），以确保数据资产化工作的顺利进行。此外，政府公共数据资产流通还需要建立健全的数据资产管理制度，包括数据资产的登记、授权使用、价值评估、收益分配等制度。如财政部发布的《关于加强数据资产管理的指导意见》提出了确保数据安全与合规利用相结合的原则，明确了数据资产的分类分级管理规定，以及数据资产开发利用和收益分配机制。

在实际操作中，政府公共数据资产流通还需要依托于统一的公共数据体系，如国家政务大数据平台，以及各个地方相关的数据共享交换平台。这些平台拥有数据共享支撑能力，能够统一受理共享申请并提供服务，最终形成覆盖国家、省（自治区、直辖市）、市等层级的全国一体化政务数据共享交换体系。

总的来说，政府公共数据资产流通是一个系统性工程，需要政府、市场和社会多方参与协作。制度创新和技术应用可以促进数据资源的高效利用和价值最大化。

3.2.2 公共数据资产流通方式

公共数据资产流通呈现出多种方式,这些方式可以实现数据的开放共享或者开发利用。这里列示数据共享、数据交易和数据合作三种方式。

1. 数据共享

(1) 数据共享的含义。

数据共享作为数据资源利用的一种高级形式,其核心在于将数据资源从原本可能封闭的系统中解放出来,在特定的法律、政策和技术框架内,向特定的或非特定的用户群体开放。这种开放不局限于数据的物理传输,更包括数据访问权限的授予、数据使用规则的明确以及数据价值的挖掘等。数据共享打破了传统组织间的壁垒,使得数据不再是单一机构的专有财产,而是成为推动社会进步、经济发展和创新的重要驱动力。它促进了信息的透明化、资源的优化配置以及知识的跨界融合,为政府决策、企业运营、科学研究和社会服务等领域带来了前所未有的机遇。

(2) 数据共享的实现方式。

数据共享的实现方式包括政务数据共享和数据平台开放。政务数据共享是数据共享在公共管理领域的具体实践。随着数字政府建设的深入,各级政府部门开始构建统一的公共数据共享平台,利用云计算、大数据等先进技术,实现跨部门、跨地域的公共数据互联互通。这些平台不仅支持政府部门间的数据交换和共享,还提供了数据清洗、整合、分析等服务,极大地提升了政府服务效率,优化了公共资源配置,推动了社会治理创新。例如,税务部门与工商部门通过共享企业注册信息,可以更加高效地开展税务稽查工作;交通部门与环保部门共享车辆排放数据,有助于制定更加精准的环保政策。

同时,公共数据开放平台是政府推动数据共享、释放数据价值的重要举措。这些平台由政府主导建设,面向全社会开放不涉及国家秘密、商业秘密和个人隐私的公共数据资源。通过数据下载、提供 API 接口等多种方式,降低数据获取门槛,鼓励社会各界参与数据资源的开发利用。公共数据开放平台不仅促进了数据资源的流动和共享,还激发了社会创新活力,推动了数据产业的快速发展。例如,中国政府数据开放平台、国家数据网汇聚了来自各个政府部门的海量数据资源,为科研机构、企业和社会公众提供了丰富的数据支持,有助于推动数据资源的共享利用和价值挖掘。

(3) 数据共享案例。

深圳市政府数据开放平台由深圳市政务服务和数据管理局主办,深圳市大数据资源管理中心负责授权运营与维护。该平台作为深圳市政府推动数据共享、促进数据资源开发利用的重要窗口，提供了涵盖经济、社会、文化、科技等多个领域的海量公共数据资源，为科研机构、企业和社会公众提供了丰富的数据支持。通过数据下载、提供 API 接口等方式，用户可以便捷地获取所需数据资源，开展数据分析、挖掘和应用等工作。

同时，该平台规定了用户的权利和义务，用户有权免费获取开放平台所提供的数据资源，享有数据资源的非排他使用权。用户不得有偿或无偿转让在开放平台中获取的任何数据资源。用户有权通过开放平台向数据提供方提出对"依申请开放数据资源"的申请，但必须确保申请内容不会违反任何法律、法规或规章制度。用户须在使用开放平台数据资源所产生的成果中注明数据资源来源为"深圳市政府数据开放平台"，并积极配合开放平台开展用户需求和数据资源调查。用户在发布基于开放平台获取的数据资源或基于开放平台开发的 App 应用时，应确保其发布内容不会侵犯任何第三方的合法权益（包括但不限于著作权、商标权、专利权等），不会违反任何法律、法规或规章制度，如造成法律纠纷及事故，由用户承担相应法律责任。如果开放平台服务内容由于法律或政策调整等原因进行调整，用户应立即在相关应用程序或开放平台中作相应调整。用户基于开放平台数据资源进行开发利用时，应清楚地表明所做的任何数据分析或应用是个人或公司的行为，不得歪曲篡改从开放平台获取的任何数据资源。

2. 数据交易

（1）数据交易的含义。

数据交易作为数字经济时代的重要经济活动，其核心在于将无形的数据资产转化为可以实现的有形的商品或者服务，在市场中通过买卖行为实现其价值的货币化。这种方式不仅体现了数据作为一种新型生产要素的经济价值，还通过市场机制的有效配置，促进了数据资源的合理流动和高效利用。数据交易市场的形成和发展，不仅为数据供应商提供了变现途径，也为数据需求方提供了获取关键数据资源的便捷渠道，从而推动了整个数据产业的蓬勃发展。在这个过程中，数据价值的深度挖掘和广泛应用成为推动经济增长和社会进步的重要力量。

（2）数据交易的实现方式。

实现数据交易可以通过建立数据交易平台或者实施数据资产证券化的方式。数据交易平台是数据交易得以实现的关键基础设施，这些平台通过构建安全、高效、透明的交易环境，为数据买卖双方提供全方位的交易服务，它们不仅负责交易撮合，帮助买卖双方找到合适的交易对象；还承担数据定价的重要任务，通过市场机制确定数据的合理价格；同时，它们还提供交易结算服务，保障交易资金的安全和及时划转。此外，数据交易平台还注重数据安全保护，通过建立严格的数据访问控制、加密传输、隐私保护等机制，确保交易过程中的数据安全和个人隐私不被侵犯。国内外知名的数据交易平台，如贵阳大数据交易所、上海数据交易中心等，正是通过这些方式，为数据交易市场的繁荣发展提供了有力支撑。

数据资产证券化是数据交易领域的一种创新模式。它将数据资产转化为可交易的证券产品［如数据资产支持证券（ABS）等］，通过金融市场进行融资和交易。这种方式不仅拓宽了数据资产的融资渠道，使得数据供应商能够更加方便地获得资金支持，还提高了数据资产的流动性和价值，使得数据资产能够在更广泛的范围内进行流通和交易。通过数据资产证券化，投资者可以更加便捷地参与到数据交易市场中来，分享数据产业发展的红利。同时，这也为数据产业的发展提供了更加多元化的资金来源和更加灵活的资金运用方式。

（3）**数据交易平台案例**。

贵阳大数据交易所作为国内领先的数据交易平台之一，通过搭建数据交易生态系统，汇聚了来自政府、企业、科研机构等多方面的数据资源。该平台不仅为数据买卖双方提供了便捷的交易服务，还通过引入第三方数据评估机构、建立数据质量追溯体系等方式，确保交易数据的真实性和合法性。这些举措不仅提升了交易双方的信任度，也促进了数据交易市场的健康发展。

北京国际大数据交易所（以下简称"北数所"）是北京市为深入贯彻落实国家大数据发展战略、加快推进大数据交易基础设施建设、促进数据要素市场化流通而设立的重要平台，旨在整合数据要素资源、规范数据交易行为，推动数据要素的网络化共享、集约化整合、协作化开发和高效化利用，以期建设成为国内领先的大数据交易基础设施及国际重要的大数据跨境交易枢纽。其功能定位包括数据信息登记平台、数据交易平台、数据授权运营管理服务平台、金融创新服务平台、数据金融科技平台五个方面。服务内容涵盖数据信息登记、数据产品交易、数据授权运营管理、数据资产金融和数据资产金融科技服务等。北数所通过建立统一的数据管理规则和制度，利用区块链、数据安全沙箱、多方安全计算等方式，提供数据清洗、法律咨询、价值评估、分析评议、尽职调查等专业化服务，以及数据资产质押融资、数据资产保险、数据资产担保、数据资产证券化等金融创新服务。该交易平台的成立和运营，是北京在数字经济开放发展上迈出的重要一步。北京市正在推动数据资源要素的规范化整合、合理化配置、市场化交易和长效化发展，加快培育数字经济新产业、新业态和新模式，这将助力北京市在数据流通、数字贸易、数据跨境等领域发挥创新引领作用。

3. 数据合作

（1）数据合作的含义。

数据合作，作为数字经济时代的重要模式，其核心在于促进不同数据持有方之间的深度交互与融合。它不仅仅是数据的简单交换或共享，更是通过共同开发、联合利用的高级策略，实现数据资源的优化配置和互补效应，进而挖掘出隐藏的数据价值，创造出新的应用场景和商业机会。这种合作模式具有高度的灵活性和创新性，能够显著拓展数据应用的边界，从广度上覆盖更多行业领域，深入挖掘数据，以揭示数据背后的趋势，最终提升数据资源的整体社会价值和经济价值。

（2）数据合作的实现方式。

数据合作可以通过项目合作和联合研发两种方式实现。项目合作是在项目导向的合作模式下，数据持有方围绕某一具体的项目目标或市场需求，组建跨组织的联合团队。各方根据自身优势，贡献独特的数据集、技术工具或专业知识，共同设计解决方案，开发数据产品或服务。这种方式能够有效整合资源，快速响应市场变化，集中力量攻克技术难关，加速项目从概念到落地的过程。例如，在智慧城市项目中，政府、科技企业、电信运营商等多方进行合作，利用各自的数据资源和技术能力，共同推动城市治理、交通优化、环境保护等领域的智能化升级。

而联合研发是为了进一步推动数据技术的革新与发展，数据持有方积极寻求与科研机构、高校等学术机构的合作，通过共建实验室、研究中心或创新联盟等形式，围绕大数据、人工智能、区块链等前沿技术展开深入探索。这种合作模式不仅能够引入学术界的最新研究成果和理论支撑，还能为数据持有方提供持续的技术储备和人才支持。同时，联合研发项目还能促进科技成果的转化应用，加速数据技术的产业化进程，为数据产业的繁荣发展注入新的动力。例如，某金融科技企业与知名大学合作，共同研发基于大数据和人工智能的信贷风险评估模型，有效提升了信贷审批的效率和准确性，降低了信贷风险。

（3）数据合作的案例。

以医疗健康领域的"医疗大数据共享平台"为例，该平台由多家医院、医疗研究机构及科技公司联合打造。通过数据合作，各参与方将患者病历信息、基因测序结果、临床试验数据等多种类型的数据进行整合，并利用先进的数据分析技术，挖掘出疾病发生、发展的规律及潜在的治疗靶点。该平台不仅为患者提供了更加精准、个性化的诊疗方案，还促进了医学研究的快速发展，加速了新药研发和新疗法的临床应用。这一案例充分展示了数据合作在推动医疗健康产业转型升级、提升公共卫生服务水平方面的巨大潜力和价值。

浙江省厅交通数据中台是一个浙江省交通运输厅与阿里云合作的项目，旨在推进智能高速公路的建设。该项目通过构建智慧高速公路中心系统，利用交通中台为多种应用场景提供后台支撑，如自由流收费、车道级精准管控、基于高精度位置的信息服务、事故多发区安全预警服务和交通安全精准管控等。原有的交通数据中台面临着数字爆炸和产品快速迭代所带来的挑战，需要解决包括高速公路系统计算环境服务差、资源接口混乱、信息孤岛、缺乏行业知识库以及计算分析能力弱等一系列问题。为此，阿里云提供了交通数据中台解决方案，该方案为交通的多样性业务提供多元算力支撑，并提供从交通信息接入到应用的全链路智能数字构建与管理能力。该中台的解决方案包括一体化的方案架构，实现"数据—知识—智能"的无缝转化，实现物、车、交通流、事件等全监测，包括设施设备监测、交通流监测、重点营运车辆监测和交通事件监测，旨在通过技术手段提升交通管理的效率和质量。该合作项目不仅规范了数据质量，还使数据共享更加便捷，增强了数据资产的安全性，并丰富了创新服务内容。这些成果推动了交通运输行业的技术创新、业态创新和模式创新，为交通治理提效，并有效助力交通管理部门转型升级。

3.2.3 公共数据资产的流通路径

数据交易是公共数据资产流通的关键一环，公共数据流通体系由政府、公共数据授权运营机构和数据交易机构共同构建。政府享有公共数据资源持有权，须保障数据的合规流通和高效利用，助力实体经济的高质量发展。公共数据授权运营机构则拥有数据加工权和数据产品经营权，负责授权运营体系的构建、平台安全和收益分配，将数据资源转化为有价值的数据产品。数据交易机构建立完善的数据流通体系，负责产品挂牌、交易撮合及收益分配，确保数据资产的价值最大化。这一体系不仅促进了数据的流通和价值实现，完善了数据要素市场的实践路径，还为政府和企业提供了数据决策支持，为数据要素市场的繁荣和发展注入活力。

图 3-2 列示了数据交易机构在推动公共数据资产流通时需要关注的问题，以及可以采取的途径或者方式方法，通过这些方式方法可以更好地实现数据资产的流动，具体内容如下。

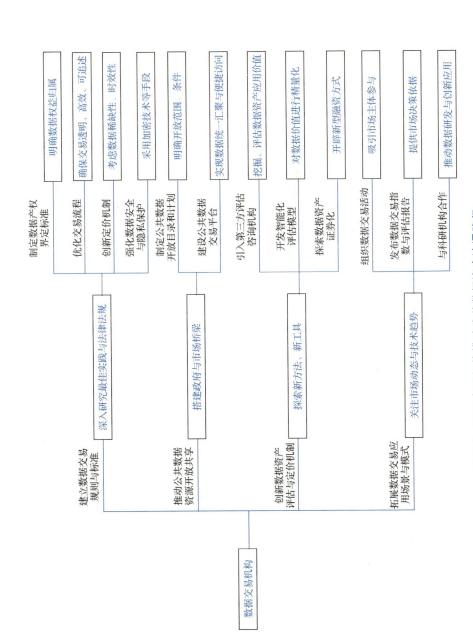

图 3-2 数据交易机构推动公共数据资产流通路径

1. 建立完善的数据交易规则与标准

数据交易机构需深入研究国内外数据交易领域的实践案例，结合我国法律体系，构建一套既符合国际趋势又适应本土需求的数据交易规则与标准。这包括但不限于制定详细的数据产权界定标准，明确数据所有权、使用权、收益权等权益归属；优化交易流程，确保交易过程透明、高效、可追溯；创新定价机制，考虑数据的稀缺性、时效性、质量以及潜在价值等多重因素，形成灵活多样的定价模式；同时，强化数据安全与隐私保护条款，采用加密技术、访问控制、匿名化处理等手段，确保数据在交易过程中的安全性与合规性。

2. 推动公共数据资源开放与共享

数据交易机构应成为政府与市场之间的桥梁，积极倡导公共数据资源的开放共享理念。通过与各级政府部门建立紧密的合作关系，数据交易机构和政府共同制定公共数据开放目录和计划，明确开放范围、条件、方式及监管措施。同时，利用技术手段建设公共数据交易平台，实现数据的统一汇聚、标准化处理与便捷访问。通过公共数据交易平台，政府可以安全、有序地向市场释放高质量的公共数据资源，该平台也可以为数据创新应用提供源源不断的动力源泉，进而促进公共数据资产价值的最大化利用。

3. 创新数据资产评估与定价机制

鉴于数据资产的特殊性，数据交易机构需不断探索和创新数据资产评估与定价的新方法、新工具。除了引入专业的第三方评估机构外，还可以利用大数据、人工智能等先进技术，开发智能化的评估模型与算法，对数据的价值进行精准量化。这些模型应能够综合考虑数据完整性、准确性、时效性、关联性等多种维度特征，以及市场需求、应用场景等因素，为数据交易提供科学合理的价格参考。此外，还可以探索数据资产证券化等新型融资方式，为数据资产的流通与融资开辟新渠道。

4. 拓展数据交易应用场景与模式

数据交易机构应紧密关注市场动态和技术发展趋势，不断拓展数据交易的应用场景与模式。通过组织多样化的数据交易活动，如数据交易大会、数据创新大赛等，吸引更多市场主体参与数据交易与共享。同时，积极发布数据交易指数、数据价值评估报告等权威信息，为市场提供数据交易的风向标和决策依据。此外，还可以与科研机构、高校及行业协会等建立紧密的合作关系，共同开展数据技术研发与创新应用，推动数据产业与其他产业的深度融合与协同发展。通过这些努力，数据交易机构将不断激发数据创新活力，推动数据资产在更广泛的领域和更深层次上实现价值流通与增值。

3.2.4 公共数据资产流通面临的挑战

现阶段的公共数据资产流通，还面临着一些挑战（见图 3-3），主要涉及以下四个方面。

细化制度保障

制定公共数据开放、共享、交易的具体规定，明确数据的采集、处理、存储、传输、使用的标准与流程，建立健全的监管机制。

确保隐私安全

采用加密技术、访问控制、匿名化处理等手段，防止数据泄露、滥用等风险事件的发生。

挖掘需求场景

深入挖掘数据的应用潜力，探索数据在不同领域、不同场景下的创新应用。

明确权属界定

深入研究国内外数据权属的法律法规和司法实践，结合我国国情制定符合实际的数据权属界定标准。

图 3-3 公共数据资产流通面临的挑战

1. 公共数据流通需要细化制度保障

在推动公共数据流通的过程中，制度保障是基石。随着大数据技术的快速发展，公共数据作为重要的生产要素，其流通与利用日益受到重视。然而，要确保公共数据有序、高效与合法流通，需要细化相关制度体系。这包括但不限于制定或完善公共数据开放、共享、交易的具体规定，明确数据的采集、处理、存储、传输、使用等各个环节的标准与流程。同时，应建立健全的监管机制，加强对数据流通全过程的监督与管理，确保数据交易活动的合法合规。此外，还需建立数据流通的纠纷解决机制，为数据交易双方提供有效的法律救济途径。通过细化制度保障，可以为公共数据流通提供坚实的法律基础与制度支撑，促进数据要素市场的健康发展。

2. 公共数据流通需要确保隐私安全

隐私安全是公共数据流通不可逾越的底线。在数据流通过程中，必须始终将个人隐私保护放在首位，确保数据的收集、处理、传输等环节符合相关法律的要求。为此，应加强对数据流通参与方的监管与指导，确保其遵守数据保护法律和规章制度，履行数据安全保护责任。此外，还应建立数据泄露应急响应机制，一旦发生数据泄露事件，能够迅速启动应急预案，减少损失并追究相关责任。通过满足隐私安全要求，可以保障公共数据流通的可持续性与稳定性，赢得公众的信任与支持。

3. 公共数据流通需要挖掘需求场景

公共数据流通的价值在于其能够满足多样化的需求场景。因此，在推动公共数据流通的过程中，需要深入挖掘数据的应用潜力，探索数据在不同领域、不同场景下的创新应用。这要求数据交易机构、科研机构、企业等各方加强合作与交流，共同开展数据技术研发与创新应用研究。通过组织数据交易撮合活动、发布数据交易指数、推广数据资产证券化等方式，引导市场主体深入挖掘数据价值，探索数据在金融、科技、商业等领域的创新应用。同时，还应关注社会热点和民生需求，利用公共数据解决实际问题，提升社会治理水平和公共服务能力。通过挖掘需求场景，可以激发数据创新活力，推动数据产业与其他产业的深度融合与协同发展。

4. 公共数据流通需要明确权属界定

明确数据权属界定是保障公共数据流通的前提。在数据流通过程中，必须清晰界定数据的所有权、使用权、收益权等权益归属，避免发生权属争议。为此，需要深入研究国内外数据权属的法律法规和司法实践，结合我国国情制定符合实际的数据权属界定标准。同时，应建立健全的数据确权机制，通过技术手段和法律手段相结合的方式，明确数据的权属关系并予以保护。此外，还应加强数据权属的宣传与普及工作，提高公众对数据权属的认识和重视程度。通过明确权属界定，可以保障数据交易双方的合法权益，促进数据流通的公平、公正与透明。

数据资产流通不仅涉及这四个方面的挑战，还会涉及数据资产价值的评估、公众参与意识的培养、数据资产管理人员的培养培训等，这些因素也会影响数据资产的合理流通与开发利用。

3.3 公共数据资产应用

3.3.1 公共数据资产应用的含义

公共数据资产应用是指将政府、公共机构以及其他公共管理和服务机构在履行职责或提供公共服务过程中收集、产生的数据资源，通过一系列的处理、分析、挖掘和整合过程，转化为具有实际应用价值的信息或知识，进而服务于政府决策、社会治理、公共服务、产业发展等多个领域的过程。

这种应用不仅是简单的数据查询和展示，还强调了数据的深度挖掘、价值发现和高效利用。它要求数据管理者和使用者具备数据思维、数据技术和数据管理能力，能够充分利用现代信息技术手段，对数据进行清洗、整合、分析和可视化处理，从而挖掘出隐藏在数据背后的规律和趋势，为政府决策提供科学依据，为社会治理提供有力支撑，为公共服务提供精准化、个性化的解决方案，为产业发展提供创新动力和市场机遇。

3.3.2 公共数据资产应用的可行性

数据在国民生产生活中的重要性日益凸显，公共数据资产的开放共享和开发利用是大势所趋，各地政府都在大力倡导对公共数据资产进行开发应用。公共数据资产的应用须具备一定的条件。

1. 技术可行性

信息技术的飞速发展，特别是大数据、云计算、人工智能、区块链等技术的不断成熟和应用，为公共数据资产的高效处理、分析和利用提供了强有力的技术支持。这些技术能够实现对海量数据的快速收集、存储、处理和分析，从而挖掘出数据背后的价值，为政府决策、社会治理、经济发展等提供有力支持。

2. 政策可行性

近年来，各国政府越来越重视数据资源的开发和利用，纷纷出台相关政策和法律文件，推动公共数据的开放共享和开发利用。这些政策、法律为公共数据资产的应用提供了良好的政策环境和法律保障。同时，政府还通过设立专门机构、制定数据标准、加强监管等措施，确保公共数据资产的安全可控和有效利用。

3. 经济可行性

公共数据资产的应用能够带来显著的经济效益。一方面，通过开放共享公共数据，可以降低企业获取数据的成本，促进创新和创业活动，推动相关产业的发展和壮大。另一方面，政府可以通过对公共数据的开发利用，提高公共服务的效率和质量，降低行政成本，实现资源的优化配置。此外，公共数据资产的应用还能为政府创造新的收入来源，如通过数据交易、数据服务等方式实现数据的价值变现。

4. 社会可行性

公共数据资产的应用对于提升社会治理水平、改善民生福祉具有重要意义。通过分析和利用公共数据，政府可以更加精准地了解公众需求和社会问题，从而制定更加科学合理的政策和措施。同时，公共数据的应用还能增强信息透明度和公众参与度，增强政府决策的民主性和科学性。此外，公共数据资产的应用还能推动智慧城市、数字政府等新型城市治理模式的发展，提高城市管理的智能化和精细化水平。

5. 伦理与隐私保护可行性

在公共数据资产的应用过程中，伦理与隐私保护问题不容忽视。随着技术的进步和政策的完善，这些问题逐渐得到了有效解决。一方面，通过数据加密、匿名化处理等技术手段，可以在很大程度上避免个人隐私被泄露和滥用；另一方面，通过制定严格的隐私保护政策和法律法规，可以规范数据的使用和共享行为，保障公众的合法权益。

3.3.3 公共数据资产应用的作用

一是提升决策科学性。公共数据资产为政府和企业的决策者提供了丰富的数据支持。通过对这些数据的收集、整理和分析，决策者可以更加全面地了解市场趋势、社会需求、政策效果等信息，从而做出更加科学、合理的决策。这种基于数据的决策方式，能够减少主观臆断和盲目性，提高决策的质量和效率。

二是优化资源配置。公共数据资产的应用有助于优化资源配置。通过对数据的分析，可以发现资源分布的不均衡和资源浪费现象，进而采取措施进行调整和优化。例如，在公共服务领域，可以通过数据分析确定服务需求的热点和盲点，从而精准配置服务资源，提高服务效率和满意度。

三是促进经济创新和发展。公共数据资产是数字经济的重要资源。通过开放和共享公共数据，可以激发市场活力和创新动力，推动数字经济产业的快速发展。企业和个人可以利用公共数据进行新产品、新技术的研发和应用，促进产业升级和转型。同时，公共数据的应用还可以促进数据要素市场的形成和发展，为经济增长注入新的动力。

四是提高社会治理水平。公共数据资产的应用在社会治理领域具有重要意义。通过数据分析，可以实时监测社会运行状态，发现潜在的风险和问题，从而及时采取措施进行应对和处置。这有助于提高社会治理的精准度和效率，降低社会治理成本。同时，公共数据的应用还可以促进政府与公众之间的沟通和互动，提升政府公信力和社会满意度。

五是推动公共服务均等化。公共数据资产的应用有助于推动公共服务均等化。通过对数据的分析，可以了解不同地区、不同群体之间的服务需求差异，从而采取针对性措施进行改进和优化。这有助于提高公共服务的普及性和公平性。

六是加强数据安全和隐私保护。在公共数据资产的应用过程中，数据安全和隐私保护是不可忽视的问题。通过建立健全的数据安全管理制度和采取技术措施，可以提高公共数据在收集、存储、处理、传输等环节中的安全性和可靠性。

3.3.4 公共数据资产的应用领域

公共数据资产与社会生产生活密切相关，其应用领域和范围十分广泛，涉及社会各行各业，通常可以在以下七个领域有更大的应用前景。

1. 政府决策与管理

公共数据为政府决策提供了科学依据。通过收集、整理和分析各类公共数据，政府可以更加精准地了解社会经济发展状况、民生需求、政策执行效果等，从而制定更加科学合理的政策。

在城市管理、公共安全、环境保护等方面，公共数据的应用也发挥了重要作用。例如，通过利用智能交通系统、环境监测系统等收集的数据，政府可以实时掌握城市运行状况，及时应对各类突发事件。

2. 公共服务

在教育、医疗、社保、就业等公共服务领域，公共数据的应用提升了公共服务的质量和效率。例如，通过大数据分析，可以精准识别教育资源的分配不均问题，优化教育资源配置；在医疗领域，可以利用患者健康数据为医生提供诊疗建议，提高诊疗水平。

3. 产业发展

公共数据为产业发展提供了有力支撑。通过数据分析和挖掘，可以发现产业趋势、市场需求、技术创新点等，为产业发展提供方向指引。同时，公共数据还可以促进产业链上下游企业的协同合作，推动产业集群的形成和发展。

4. 金融服务

在金融领域，公共数据的应用促进了普惠金融的发展。金融机构可以通过政府、公共机构等提供的信用数据、税务数据、工商数据等，对小微企业和个人进行更加精准的信用评估，进而降低贷款风险，提高金融服务的可得性和便利性。

5. 社会治理

公共数据在社会治理领域的应用日益广泛。通过数据分析，可以及时发现社会问题和矛盾，为政府提供预警和决策支持。例如，在疫情防控中，通过收集和分析人员流动、疫情传播等数据，可以精准施策，有效控制疫情传播。

6. 科研与创新

公共数据是科研和创新的重要资源。科研人员可以利用公共数据进行深入研究，探索新的科学规律和技术方法。同时，公共数据还可以为创新创业提供数据支持，推动新技术、新产品的研发和应用。

7. 智慧城市

在智慧城市建设中，公共数据的应用是核心之一。通过整合城市各类数据资源，构建智慧城市大脑，可以实现对城市运行状态的实时监测、智能分析和精准管理。这有助于提升城市治理水平、优化城市资源配置、提高居民生活质量。

3.3.5 公共数据资产的具体应用场景

1. 普惠金融应用场景

普惠金融是公共数据资产应用于金融领域的主要场景之一。为了向数量众多的中小微企业、城镇低收入人群、农户、特殊人群等需求群体提供金融服务，商业银行通过安全合规的授权渠道获取开展业务所需的基础公共数据，授权后基于各自业务场景进行金融产品和服务开发。但是规模庞大的客户信息缺乏为金融产品的风险控制带来了新的挑战，同时出于风险控制质量的考量，风控建模与风控查询往往需要外部数据源的参与，但随着近几年各级政府制定的数据安全、个人信息保护等领域法律法规的颁布执行，金融机构关于各类金融产品、金融衍生品的风控压力越来越大。

普惠金融领域的公共数据涉及市场监管、司法、税务等多个部门，数据类型也多种多样，这里列示了不同部门主要信息内容，这些信息内容可以从不同的维度进行划分，具体信息内容如表 3-2 所示。

表 3-2　不同部门应用于普惠金融领域的公共数据信息内容

维度	来源部门	公共数据信息内容
典型维度	市场监管部门	工商信息，包括企业基本信息、法人信息、高管信息、股东信息、经营异常名录、行政许可信息、行政处罚信息、违法失信信息；知识产权信息，包括商标信息、专利信息、软件著作信息等
	司法部门	司法诉讼信息等
	税务部门	欠税信息、税收违法信息、营收数据、纳税数据等
	自然资源部门	不动产登记信息
	人力资源和社会保障部门	社保信息、医保信息、养老保险信息、劳动合同信息、职业资格信息等
	住房和城乡建设部门	公积金信息，缴存信息、贷款还款信息等
特殊维度	公安部门	户口本信息、身份证信息、交通违法信息等
	民政部门	婚姻信息等
	财政部门	政府采购信息等
	生态环境部门	排污单位监督性监测数据、建设工程环评审批信息、环保信用评定信息、强制执行信息、检查抽查信息等
	科技部门	高新技术企业认定信息等
	海关部门	海关进出口信息等
	气象部门	气温、风速、降水、日照、气压等气象监测信息，气象预报信息等

续表

维度	来源部门	数据信息内容
	供电单位	用电状态、电费缴纳、用电量、违约行为等信息
	供水单位	企业用水数据、企业单位违约欠费信息等
	供气单位	企业缴纳气费数据、欠费信息数据等
	交通运输部门	交通行政许可信息、道路运输企业从业资格证、新能源公交车的车辆与运营数据、车辆保险出险数据等
	通信运营商	用户涉诈风险信息、用户通信行为信息、业务数据、网络数据和位置信息等
拓展维度	教育部门	民办学校办学许可证等
	农业农村部门	农作物生产经营信息、农产品交易量数据、农业补助发放情况、示范家庭农场信息、农业产业化重点龙头企业信息、农产品质量投诉信息等

公共数据资产授权运营平台通过隐私计算和区块链等技术的应用，能够保证公共数据资产与银行自身数据资产的融合，实现"数据可用不可见"和"数据全流程存证"。具体方案流程包括：数据集团根据银行提供的信贷征信模型，结合工商、水电等数据计算得出企业创业贷审批数据；数据集团发布创业贷审批数据到联盟；银行通过 API 调用发起隐匿查询作业，传入企业的社会统一信用代码；查询条件被加密传输到聚合节点；聚合节点调用隐匿查询引擎完成查询。该平台最终为各商业银行的中小微企业贷款、个人经营贷等产品的风控提供高可靠性的外部数据和数据产品。

公共数据资产在普惠金融中的融合应用，解决了中小微企业由于自身规模较小、抗风险能力较差、财务信息不全等问题，而面临的贷款需求难以被满足的困境，降低了商业银行对长尾客群服务过程中的获客及风控成本。对于政府来说，也改善了区域营商环境，为社会经济长效发展注入动力。

2. 健康医疗应用场景

随着医疗健康数据的新业务、新应用不断出现，各医疗卫生机构对医疗健康数据的共享及融合应用需求越来越多。例如，某医院的科研部门需要申请获取某个区域内的某个慢性病种患病情况的数据，包含个人基本信息、实验室检测信息、临床信息等，用于开展慢性病分析研究；区域内各医院的医生，需要调阅居民电子健康档案、患者统一视图；政府公共卫生部门为制定公共卫生政策，需要"三医"联动的数据进行联合建模分析。

但公共数据资产在医疗健康领域的应用，同样面临着巨大的挑战。医疗健康数据涉及个人隐私，在共享使用过程中面临着越来越多的安全合规问题。医疗健康数据安全事关患者生命安全、个人信息安全、社会公共利益和国家安全。此外，医疗行业数据应用涉及的数据提供方众多，通常包括卫生健康部门、医疗保障部门以及药品监管主管部门，数据包括从业人员执业许可信息、医疗机构注册登记信息、药品医疗器械信息、医保参保人员信息、就医人数信息、医保药品目录信息、医保缴费信息等，还有医院、医联体和医共体的门诊业务信息（挂号、病历、处方、诊断、费用明细等）、住院业务信息（住院医嘱、病案首页、电子病历等）、临床辅助业务信息（检验、检查、细菌培养、药敏、病理检查等各类记录）、医院进销存信息等。对于数据需求方来说，在协调多方数据时，存在缺乏互信、耗时耗力的困难。

而公共数据资产授权运营平台通过提供统一数据空间和各方连接器，结合区块链技术，为各方提供合法性认证、数据访问和审计追溯等功能，通过数据脱敏、数据访问和使用控制策略，确保敏感数据可根据提供方和消费方达成的合约进行合规传输和消费，从而能够使数据在提供方与消费方的数据空间交换过程中，得到端到端的安全保护（健康医疗实践场景下公共数据资产授权运营流程如图3-4所示）。因此，公共数据资产授权运营平台能够通过激活医疗健康行业数据，形成可开发利用、可流通的高价值数据资产，帮助行业完成治疗方法的更新开发、生物制药的创新研究、商业保险的精准建模等，支持健康数字经济产业的应用落地，支撑建立健康数字经济生态圈。

3. 公共数据资产应用实践场景

（1）金融服务领域。

① "泉数贷"：基于泉州市公共数据资源开发利用平台，搭建"普惠金融授信模型"，通过客户身份识别、还款能力测算、风险监测等数据实时交互，提供便捷的金融服务。泉州市已办理"泉数贷"超6300户，授信金额近16亿元。

② 基于招投标数据的信贷产品解决方案：以工程及政府采购招投标数据为核心，结合其他开放数据，打造行业信用评价体系，为金融机构描绘企业信用画像，摆脱银企信息不对称的困境，解决行业中小微企业融资难题。

（2）公共交通领域。

① 南京公交集团：完成了约700亿条公交数据资源资产化并表工作，成为江苏省首个数据资产入表案例，并获批中国光大银行南京分行数据资产融资授信1000万元。

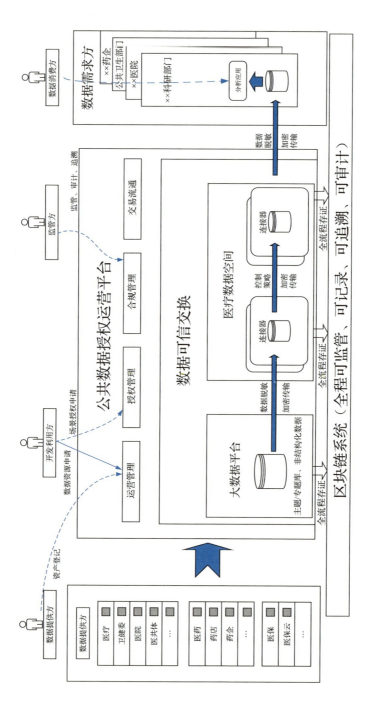

图 3-4　健康医疗实践场景下的公共数据资产授权运营流程

② 济南公交：完成了首个"数据资源包"的数据治理、合规确权、资产登记等工作，涉及入表数据约 190 亿条，数据资产评估价值约 1390 万元。

③ 青岛真情巴士：实现资产入表的数据资产为"车智网机务管理及公交服务"，包含车辆状态监控、线路时段客流关系分析等应用场景，数据资产评估价值约 1009.95 万元。

（3）城市治理领域。

① 厦门市政智慧停车数据应用：以厦门市政停车智慧管理平台为核心，通过汇聚停车场授权运营、车辆信息、停车行为等数据，实现数据赋能城市交通规划建设、经营管理等协同融合应用。

② 城乡供水一体化数字水务解决方案：通过搭建数字水务平台，实现水类数据赋能生产管理、管网运行、对外服务和综合管理等跨业务协同管理。

（4）数据交易与融资。

① 深圳微言科技：通过其在深圳数据交易所上架的数据交易标的，成功获得全国首笔无质押数据资产增信贷款额度 1000 万元。

② 河南数据集团：该数据集团在郑州数据交易中心挂牌上市，获颁"数据产权登记证书"，取得金融机构授信额度 800 万元，完成河南省首笔数据资产无抵押融资案例。

（5）数据信托与证券化。

① 广西电网：与中航信托股份有限公司、广西电网能源科技有限责任公司签署数据信托协议，并在北部湾大数据交易中心完成首笔电力数据产品登记及交易，标志着全国首单数据信托产品场内交易完成。

② 杭州高新金投控股集团：发行全国首单包含数据知识产权的证券化产品，发行金额 1.02 亿元，票面利率 2.80%，发行期限 358 天。

（6）其他领域。

① 蕾丝自动设计解决方案：采用 AI 技术，实现高效自动化设计，大幅降低设计成本，推动蕾丝花型设计领域的智能化革新。

② 陶瓷产业数字化协同制造应用：通过搭建互联网平台，实现陶瓷产业的数据共享和协同制造，加速产业链运转提质。

这些案例展示了公共数据资产在多个领域的广泛应用和创新实践，公共数据资产的应用不仅提升了政府决策的科学性和精准性，还推动了产业升级和社会治理的智能化、精细化发展。随着技术的不断进步和应用的深入拓展，公共数据资产的价值将得到进一步挖掘和释放。

3.4 公共数据资产授权运营监管

3.4.1 公共数据资产授权运营监管的含义

公共数据资产授权运营监管是指在授权范围内，按照法律和政府部门规章的要求，在保证数据安全的前提下，对公共数据资产合理有序开发利用过程的监督管理。运营监管强调对公共数据资产的流通交易环节的监管，目的是保证公共数据资产的有序流通，促进数据资产的合理开发和规范使用。

财政部出台的《关于加强数据资产管理的指导意见》，提出了对数据资产授权运营监管的要求。具体而言，一是确保安全与合规利用相结合，在推进数据资产化的同时，确保数据安全和个人信息保护，对于敏感数据审慎处理，对于可开发利用的数据支持合规推进资产化。二是权利分置与赋能增值相结合，明确数据资产管理各方的权利和义务，推动数据资产权利分置，丰富权利类型，以有效赋能增值。三是分类分级与平等保护相结合，加强数据分类分级管理，建立数据资产分类分级授权使用规范，平等保护各类数据资产权利主体的合法权益。四是有效市场与有为政府相结合，发挥市场在资源配置中的决定性作用，同时加大政府引导调节力度，探索建立公共数据资产开发利用和收益分配机制。五是创新方式与试点先行相结合，鼓励地方、行业和企业先行先试，探索数据资产全过程管理有效路径。六是依法合规管理数据资产，保护各类主体在依法收集、生成、存储、管理数据资产过程中的相关权益。七是明晰数据资产权责关系，构建分类科学的数据资产产权体系，明晰公共数据资产权责边界。八是完善数据资产相关标准，推动技术、安全、质量、分类、价值评估、管理授权运营等数据资产相关标准建设。九是加强数据资产使用管理，鼓励数据资产持有主体提升数据资产数字化管理能力，建立健全全流程数据安全管理机制。十是稳妥推动数据资产开发利用，完善数据资产开发利用规则，形成权责清晰、过程透明、风险可控的数据资产开发利用机制。十一是健全数据资产价值评估体系，推进数据资产评估标准和制度建设，规范数据资产价值评估。十二是畅通数据资产收益分配机制，完善数据资产收益分配与再分配机制，依法依规维护各相关主体数据资产权益。十三是规范数据资产销毁处置，对失去价值的数据资产进行安全和脱敏处理后及时有效销毁。十四是强化数据资产过程监测，落实数据资产安全管理责任，提升数据资产安全保障能力。十五是加强数据资产应急管理，建立数据资产预警、应急和处置机制，制定应急处置预案。十六是完善数据资产信息披露和报告，鼓励数据资产各相关主体及时披露、公开数据资产信息。十七是严防数据资产价值应用风险，建立数据资产协同管理的应用价值风险防控机制。这些措施旨在构建一个市场主导、政府引导、多方共建的数据资产治理模式，通过加强和规范公共数据资产基础管理工作，促进公共数据资产高质量供给，有效释放公共数据价值，为数字经济的高质量发展提供支撑。

通过对公共数据资产授权运营的监管，可以有效促进数据资源的合理开发利用。首先，促进数据资源的优化配置与高效利用。公共数据资产具有巨大的潜在价值，但只有通过有效的监管，才能确保其被合理、合法、高效地利用。授权运营监管能够规范数据的采集、处理、共享和利用行为，防止数据垄断和滥用，促进数据资源的开放共享和互联互通，从而激发数据创新活力，推动数字经济和数字社会的发展。

其次，保障国家安全与公共利益。公共数据资产中蕴含着大量敏感信息和关键数据，一旦泄露或被非法利用，将对国家安全、社会稳定和公共利益造成严重威胁。因此，加强公共数据资产监管是维护国家安全和社会稳定的必然要求。通过严格的监管措施，可以及时发现并处置数据泄露、非法访问等安全事件，保障数据资产的安全可控，为国家和社会的长治久安提供有力保障。

再次，提升政府治理能力和服务水平。公共数据资产是政府决策和服务的重要依据。加强对其的监管可以确保政府数据的真实性和准确性，为政府决策提供科学依据；同时，通过数据共享和开放，可以提升政府服务的透明度和便捷性，增强政府与公众的互动和信任。此外，监管还可以推动政府数据治理体系的完善和创新，提升政府治理能力和现代化水平。

最后，健全数据伦理与隐私保护机制。随着数据技术的快速发展，数据伦理和隐私保护问题日益凸显。加强公共数据资产监管可以推动建立健全的数据伦理规范和隐私保护机制，引导社会各界树立正确的数据观念和行为准则。同时，通过监管可以及时发现并纠正数据滥用和侵犯隐私的行为，保护个人隐私权益和社会公共利益。

所以，加强公共数据资产授权运营监管的意义重大而深远。它的深远意义不仅在于数据资源的优化配置与高效利用、国家安全与公共利益保障、政府治理能力和服务水平提升等方面，更在于推动数据治理现代化、促进社会进步和可持续发展。因此，我们应该高度重视公共数据资产授权运营监管工作，不断完善监管体系和机制建设，为构建智慧社会、数字中国提供有力保障。

3.4.2 公共数据资产授权运营监管的主要内容

公共数据资产授权运营监管需要形成体系化，并涵盖多个关键领域，以确保数据的完整性、安全性、合规性和高效利用。

1. 数据资产分类分级与访问控制

公共数据资产因其性质和用途的不同，其价值和敏感性也各不相同。因此，实施数据资产分类分级是确保数据资产得到适当管理和保护的第一步。数据资产分类分级应由专门的数据治理小组负责，该小组应依据数据资产的敏感性、价值和重要性等因素，对数据进行细致的分类。每一类数据资产都应制定相应的管理策略和安全措施。

在数据资产分类分级的基础上，必须建立严格的访问控制制度。这包括对数据资产的访问权限进行明确划分，确保只有经过授权的人员才能访问和使用数据。同时，应实施多层次的身份验证和访问授权机制，以防止未经授权的访问和数据泄露。

2. 数据资产保护

数据资产保护是公共数据资产授权运营监管体系化中不可或缺的一环。为了确保数据资产在任何情况下都能得到充分的保护，必须实施一系列周密的数据资产保护措施。首先，数据备份是至关重要的一环。定期备份数据不仅能够在硬件故障、自然灾害等不可预见事件发生时迅速恢复数据，还能保证业务的连续性和数据的可用性。此外，随着云技术的发展，云备份已成为一种高效、便捷的数据保护方式，能够确保数据的安全存储和灵活访问。

在数据传输和存储过程中，加密技术是保护数据不被非法获取的关键手段之一。通过使用先进的加密算法和密钥管理策略，可以对敏感数据进行加密处理，防止数据在传输过程中被截获或在存储时被非法访问。同时，为了应对日益复杂的网络攻击，应采用多层次的加密技术和安全防护措施，确保数据资产在各个环节都得到充分保护。

此外，为了抵御病毒和黑客攻击等安全威胁，必须部署完善的防止病毒和黑客攻击的安全设施。这些设施应具备实时检测、隔离和清除病毒的能力，以及对黑客攻击进行预警和拦截的功能。通过定期更新病毒库和升级安全设施，可以确保数据资产免受病毒和黑客的侵害。

3. 数据资产审计与合规性

为确保公共数据资产的处理、存储和访问过程符合相关数据政策和法规要求，必须建立严格的数据审计制度。数据审计应涵盖数据处理、存储和访问的每一个环节，通过定期或不定期的审计活动，对数据资产的合规性进行细致的检查和记录。同时，应制定明确的审计标准和流程，确保审计活动的公正、客观和有效。

除了数据审计外，还应制定完善的数据合规性制度。该制度应明确规定数据收集、存储、使用和销毁等各个环节的合规性要求，确保数据活动符合所有适用的法律和标准。对于违规行为，应建立严格的追责机制，对责任人进行严肃处理，以维护数据资产的合规性和安全性。

4. 数据资产质量监管

数据资产质量是公共数据资产价值的核心。为了确保数据资产的准确性、完整性、一致性和及时性，必须建立全面的数据资产质量监管制度。该制度应对数据的产生、传输、存储和使用等各个环节进行全程监控和管理，以确保数据资产质量符合组织的要求。

在数据资产质量监管过程中，应充分利用先进的技术手段和方法（如数据挖掘、数据分析等）对数据进行深度挖掘和分析，进而发现数据中的潜在问题和价值，为组织的决策提供有力支持。同时，应建立数据资产质量评估机制，定期对数据资产质量进行检查和评估，及时发现并纠正数据质量问题，确保数据资产的准确性和可靠性。此外，还应建立数据质量反馈机制，鼓励用户积极参与数据质量监管工作，共同提升数据资产的质量和价值。

3.4.3 公共数据资产授权运营监管安全责任

1. 各级政府安全责任

在公共数据资产的管理与利用这一复杂而庞大的体系中，省、市、区（县）三级政府的安全责任相互衔接、层层递进，共同构成了保护个人隐私、维护社会经济稳定及国家安全的坚固防线。省级人民政府数据主管部门作为这一体系的顶层设计者，不仅负责制定和完善公共数据授权运营的安全管理制度，确保这些制度能够全面覆盖数据的收集、存储、处理、共享及利用等各个环节，还需与网信、公安、国家安全、保密、密码管理等关键部门紧密协作，形成高效的跨部门协作机制。这种机制使得各方能够共享信息、协同作战，对公共数据资产授权运营的全过程进行定期与不定期的深入监督和检查，从而及时发现并纠正潜在的安全隐患，确保公共数据资产的安全。

市、区（县）两级人民政府数据主管部门则作为政策落地的关键执行者，根据省级政府制定的总体方针和本地区的实际情况，制定和完善更加具体、更具针对性的公共数据授权运营安全防护制度。这些制度明确了各类数据授权运营活动的安全要求和规范，为数据的安全管理提供了清晰的指导。同时，市、区（县）两级政府还须加强对本行政区域内公共数据的授权运营、加工处理、应用等工作的日常监督检查，确保各项安全措施得到有效执行，为公共数据资产的安全保驾护航。

2. 政府专业部门安全责任

政府专业部门在公共数据授权运营监管中发挥着不可或缺的专业保障作用。网信部门负责网络安全的监管与指导，通过技术手段监测网络空间中的异常行为，及时发现并处置网络安全事件；公安部门则依法打击利用公共数据进行的违法犯罪活动，维护社会稳定；国家安全部门则关注公共数据对国家安全的潜在影响，确保数据的使用不损害国家利益；保密和密码管理部门则负责保护涉及国家秘密和敏感信息的公共数据的安全，防止其被泄露或滥用。这些部门依据各自的专业领域和职责范围，对公共数据授权运营进行全方位、多层次的监管，通过联合排查、风险评估、应急响应等机制，协同处置各类安全风险事件，确保公共数据在授权运营过程中的安全可控。

3. 公共数据平台安全管理

公共数据平台作为公共数据的主要存储和交换场所，其安全管理直接关系到整个数据生态系统的安全稳定。省信息中心作为平台的管理机构，承担着平台安全管理的直接责任。该机构需建立完善的安全管理体系，包括物理安全、网络安全、数据安全、应用安全等多个方面。物理安全方面包括加强数据中心的基础设施建设和管理；网络安全方面包括部署先进的防火墙、入侵检测系统等安全设备；数据安全方面包括采用数据加密、脱敏等技术手段保护数据隐私；应用安全方面包括加强对平台应用的安全测试和漏洞修复。同时，省信息中心还须实施严格的安全策略和安全运维管理制度，以确保平台的安全稳定运行。通过这些措施的实施，省信息中心能够为数据授权运营提供坚实的安全保障。

4. 运营与开发利用主体安全责任

在公共数据资产的管理与利用链条中，运营主体和开发利用主体作为直接的执行者，其安全责任同样不容忽视。运营主体需建立完善的数据加工安全管理制度，明确数据加工过程中的安全要求和操作流程。在数据加工过程中，采用先进的数据加密、脱敏等技术手段保护数据隐私和安全；同时加强内部管理，增强员工的安全意识和操作技能，防止因人为因素导致的数据泄露或滥用。开发利用主体在将公共数据转化为数据产品和服务的过程中，则需建立完善的数据流通安全管理制度。通过采用安全认证、加密传输、访问控制等措施保障数据产品和服务在流通过程中的安全性和可靠性；同时加强对数据产品和服务的安全测试和风险评估，及时发现并修复潜在的安全漏洞和隐患。通过这些措施的实施，运营主体和开发利用主体能够共同为公共数据资产的安全利用贡献力量。

3.4.4 公共数据资产授权运营监管法律责任

在公共数据资产授权运营监管的广阔领域中，对于违反网络安全、数据安全及个人信息保护相关法律的行为，采取坚决而明确的追责措施是至关重要的。当运营主体或开发利用主体在数据运营、加工、流通等环节中，未能恪守法律底线，破坏了网络空间的安全秩序、损害了数据资产的安全性或侵犯了个人隐私权益时，网信、公安、国家安全、保密、密码管理等部门将迅速响应，依据各自的专业职责和法定权限，启动全面而深入的调查程序。这些部门将综合运用法律手段，包括但不限于责令改正、罚款、暂停或取消相关资质、吊销营业执照等，对违法主体进行严厉查处，以儆效尤。

尤为重要的是，为构建长效的信用监管机制，相关不良信息将被依法记入这些主体的信用档案。这一举措不仅是对违法行为的即时惩戒，也会对未来市场行为产生深远影响。信用档案作为衡量市场主体诚信水平的重要依据，将直接影响其在政府采购、招投标、融资信贷等多个领域的参与资格和待遇，从而促使各主体自觉遵守法律法规，维护公共数据资产的安全与秩序。

另外，对于政府部门在公共数据授权运营中的违规行为，特别是未经同级人民政府数据主管部门审核确认便私自开展相关工作的情况，政府部门同样将受到法律的严惩。因为此类行为不仅破坏了公共数据管理的规范性和统一性，还可能引发数据泄露、滥用等严重后果，危及国家安全和公共利益。网信、公安、国家安全、保密、密码管理等部门将依据各自职责，对涉事政府部门进行严肃查处，追究相关责任人的法律责任。同时，通过公开通报、警示教育等方式，加强对政府部门及其工作人员的监督与约束，确保公共数据授权运营工作的合法合规进行。

3.4.5 公共数据资产授权运营监管措施

公共数据资产的授权运营需要建立长效的监管机制，重点在以下五个方面着力，以提高公共数据资产授权运营效率，促进公共数据资产的合理开发利用。

1. 构建坚实的法律基础

构建一套全面、严谨且与时俱进的法律框架，是推动公共数据资产授权运营监管体系化的基础。构建这种法律框架不仅要求我们对现有的相关法律进行全面梳理，填补可能存在的法律空白，还需要我们根据技术发展的最新趋势和公共数据治理的实际需求，及时修订和完善相关法律。在立法过程中，应充分考虑公共数据的特殊性质，如公共性、共享性、敏感性等，明确界定数据的权属关系，规范数据的采集、存储、处理、共享、利用等行为。同时，应加大对违法行为的惩处力度，提高违法成本，形成有效的法律震慑力。此外，还应加强与国际社会的交流合作，借鉴国际先进经验，推动公共数据资产授权运营监管的国际化进程。

2. 强化跨部门协作与信息共享

在公共数据资产授权运营监管领域，跨部门协作与信息共享是提升授权运营监管效能的关键环节。由于公共数据涉及多个领域和部门，因此，要实现有效监管，就必须打破部门壁垒，加强沟通协调。首先，应建立跨部门联席会议制度，定期召开会议，共同研究解决公共数据资产监管中的重大问题，形成工作合力。其次，应构建跨部门信息共享平台，实现数据资源的互联互通，提高数据共享效率，为监管提供全面、准确的信息支持。最后，还应建立跨部门联合执法机制，针对跨部门的复杂案件，加大联合执法力度，形成执法合力，确保违法行为得到及时、有效的查处。

3. 建立多元多层次的监管体系

为了确保公共数据资产的安全与合规，我们需要构建一个多元化、多层次的监管体系。这个体系应包括政府监管、社会监管和第三方评估等多个层面。政府作为公共数据的最大拥有者和管理者，应加强对授权运营主体的日常监管和定期检查，确保其遵守相关法律和规章制度。同时，应鼓励行业协会、媒体、公众等社会各界积极参与监管，通过设立举报奖励机制、开展公众教育活动等方式，提高社会监管的积极性和有效性。此外，还应引入独立的第三方机构进行安全性和合规性评估，为政府决策提供科学依据，也为运营主体提供改进建议。通过多元化、多层次的监管体系，可以形成对公共数据资产的全方位、立体式监管网络。

4. 加强技术支撑与安全保障

技术是提升公共数据资产授权运营监管效能的重要支撑。随着大数据、云计算、人工智能等技术的快速发展，我们应充分利用这些技术手段来提高监管的智能化和精准化水平。例如，建设统一的公共数据资产监管平台，运用大数据分析技术对海量数据进行深入挖掘和分析，发现潜在的风险和问题；运用云计算技术实现数据资源的集中管理和动态监控；运用人工智能技术提高监管的自动化和智能化水平。同时，还应加强数据安全保障工作，建立健全的数据安全管理制度和应急响应机制，加强对数据泄露、非法访问等安全事件的预防和应对能力。

5. 提升管理人员的能力与意识

管理人员的能力与意识是保障公共数据资产授权运营监管体系有效运行的关键因素。为了培养管理人员的相关意识，提升其专业水平，我们需要从多个方面入手。首先，应加强对政府部门、运营主体、开发利用主体等相关人员的专业培训和教育，增强其数据安全意识、法律法规素养，提高其专业技能水平。通过定期举办培训班、研讨会等活动，帮助相关人员掌握最新的法律法规和技术知识。其次，应加大对数据安全知识的宣传力度和普及力度，通过发布宣传资料、举办宣传活动等方式提高全社会对公共数据资产监管重要性的认识和理解。同时还应鼓励社会各界积极参与到数据安全知识的学习和传播工作中，形成全社会共同关注和维护数据安全的良好氛围。最后还应将数据安全工作纳入政府部门的绩效考核体系中，通过考核激励机制激发工作人员的工作积极性和责任心，确保各项监管任务得到有效落实和执行。

在当今数字化时代，公共数据资产已成为国家和社会发展的重要资源之一，对其进行有效的管理和监督对于推动经济社会发展、保障国家安全、维护公共利益具有不可估量的价值。因此，强化公共数据资产监管的意义远不止于满足简单的合规性要求和提供数据安全保障，还在于推动社会进步、实现数据治理现代化。

第 4 章

公共数据资产授权运营模式与案例

4.1 公共数据资产授权运营模式

4.1.1 公共数据资产授权运营模式的含义

公共数据资产作为数据资源的重要组成部分，具有巨大的潜在价值，但公共数据资产价值的实现需要授权运营。公共数据资产授权运营是指需要按照国家相关法律法规要求，由经公共数据管理部门和其他相关信息主体授权的具有专业化运营能力的机构，在构建安全可控开发环境的基础上，按照一定规则组织产业链上下游相关机构围绕公共数据进行加工处理、价值挖掘等运营活动，产生数据产品和服务的相关行为。公共数据资产授权运营是盘活公共数据资源、实现其价值释放的重要一环，必须遵循"公平公正、市场配置、安全可控、依法利用、挖掘价值"的基本原则。

公共数据资产授权运营过程中需要维护各信息主体的合法权益和利益，通过市场化机制实现公共数据资源的优化配置，以充分释放公共数据资产价值。公共数据资产的高价值和敏感性特征要求公共数据资产授权运营要在保障国家数据安全、个人隐私以及商业秘密的前提下，构建安全、可控的授权运营环境，并在《网络安全法》和《数据安全法》等相关法律的授权和约束下，以公共数据资产应用场景为牵引，设立灵活的准入以及退出机制，依法依规进行监督管理，挖掘各类公共数据资产的社会价值和经济价值，释放公共数据资产红利，促进经济繁荣发展。

公共数据资产授权运营应紧紧围绕构建纵深分域数据要素市场运营体系的总体思路，并以中国软件评测中心编写的《公共数据运营模式研究报告》内容为依据进行展开。该报告中提出了"一座""两场""三域""四链"的公共数据授权运营体系框架。"一座"指一个数据底座，是公共数据授权运营的基础设施，代表全国一体化数据中心体系，共享交换平台或者开放平台。通过该数据底座为公共数据授权运营全流程提供良好的开发利用环境，是实现公共数据智能化、精细化授权运营的重要载体。"两场"指公共数据授权运营的两级市场，其中，一级市场是实现数据生产加工、流通交易的前提和基础；二级市场是公共数据产品和数据服务交易流通的市场，也是释放数据价值，最大化社会效益和经济效益的市场。"三域"指三个区域，着力打造以"内部管控区+中间运营加工区+外部市场交易区"三域融合的公共数据授权运营体系。"四链"指公共数据运营过程中的四个关键环节,包括可靠供给链、可信处理链、可控服务链和可溯源授权链。

公共数据资产授权运营的核心要素包括参与主体、运营对象、运营平台和工具、最终产品和服务四大要素,其解释说明见表4-1。各核心要素之间相互关联、相互依存,共同构成了公共数据资产授权运营的完整框架,只有充分发挥这些要素的作用,才能实现公共数据资产的有效授权运营和价值最大化。

表4-1 公共数据资产授权运营核心要素

核心要素	解释说明
参与主体	从利益相关者角度来看,公共数据资产授权运营参与主体包括数据提供方、数据汇聚方、数据管理方、数据使用方、数据运营方、数据监管方、数据开发方、数据交易流通方、数据消费方等,主要涉及政府部门、企事业单位、高校和科研院所,以及其他社会团体和个人等主体,这些主体对公共数据有明确使用需求,也是公共数据运营的既得利益者
授权运营对象	公共数据资产授权运营的对象是符合条件的定向开放或者有条件开放的高价值数据,授权运营通过有效的运营模式来充分释放这部分数据资产的价值红利,并确保国有资产保值增值
授权运营平台和工具	公共数据资产授权运营平台和工具主要包括数据资产授权运营平台、数据交易平台、数据评估平台以及技术工具等,为公共数据资产授权运营提供了良好的运营环境和关键技术支撑
最终产品和服务	数据资产产品和服务主要包括能发挥数据资产价值的数据模型、数据分析报告、数据可视化报告、数据指数、数据引擎、数据服务等

从公共数据资产授权运营的流程看,其过程可以分为数据资产供给、数据资产授权运营、数据资产交易流通、数据资产应用追溯、数据资产效果评估五个主要环节,其具体解释说明见表4-2。在数据资产供给环节,公共数据的收集与整理是首要任务,政府机构、公共事业单位等需依据相关法律法规,在确保数据安全与隐私保护的前提下,对公共数据进行有效梳理与整合,形成可供授权运营的数据资源池;同时,数据质量的把控也至关重要,需确保数据的准确性、完整性和时效性,为后续的数据授权运营提供坚实基础。进入数据资产授权运营环节,需对公共数据进行深度挖掘与分析,以发现数据中的价值,通过运用大数据、人工智能等先进技术,对公共数据进行模型构建、趋势预测等,以提取出有价值的信息。此外,还需关注数据资产的动态变化,及时调整授权运营策略,确保数据的持续增值。在数据资产交易流通

环节，公共数据资产须通过合规的渠道进行共享与交易，实现这一目标的措施包括建立公共数据交易平台、制定数据交易规则、保障数据交易安全等。通过数据交易，可以促进数据的流通与应用，推动实现数据价值的最大化。数据资产应用追溯环节则是对公共数据授权运营过程进行监控与管理的重要环节。通过建立数据应用追溯系统，可以追踪数据的来源、流向和应用情况，确保数据的合规使用；同时，对数据应用过程中出现的异常行为及时进行预警和处理，以保障数据的安全与稳定。最后，在数据资产效果评估环节，须对公共数据资产授权运营的整体效果进行评估与反馈。通过设定评估指标、收集运营数据、进行数据分析等方式，可以全面了解公共数据资产授权运营的效果，为后续的优化与改进提供依据。

表 4-2 公共数据资产授权运营环节

授权运营环节	解释说明
公共数据资产供给	公共数据资产供给主要包括数据管理、运营授权和数据登记等活动。其中，数据管理是指数据提供方开展的数据采集、存储、编目和质量管理等活动；运营授权是指具有公共数据运营意愿和技术服务能力的市场主体，向数据管理方申请并获得开展公共数据归集、加工处理、分析挖掘、开发形成数据产品和服务等运营权的过程；数据登记是指获得公共数据授权运营的市场主体在安全可控的环境下将公共数据进行统一记录，并提供公共数据登记凭证，形成可供开发利用的公共数据登记清单的过程
公共数据资产授权运营	公共数据资产授权运营主要包括搭建运营环境、制定运营规则、数据归集、加工处理、分析挖掘、管理数据产品等活动。其中，搭建运营环境是指搭建安全可控的公共数据运营软硬件环境，确保在原始数据不出域或可用不可见的条件下，提供数据产品和服务；制定运营规则是聚焦运营主体属性、运营程序、业务边界、义务权责以及安全管理等重点问题，立足公共属性、市场公平和风险防范等多重维度，以运营服务机构准入、能力评估、安全管理等为重点，构建公共数据运营管理规则；数据归集是指通过数据集成、可信共享交换等技术手段，将已登记的公共数据汇聚到公共数据授权运营管理平台的过程；加工处理是指对已归集的公共数据资源进行数据清洗、数据脱敏、数据沙箱、数据标注、数据富化、数据筛选等操作，形成可供开发利用的数据的过程；分析挖掘是指通过数据建模、数据调用、数据融合、数据分析等操作，为形成数据产品和服务奠定基础的过程；管理数据产品是指对能发挥数据价值的数据模型、数据分析报告、数据指数、数据引擎、数据服务等使用场景、范围、用途、期限进行报备和审核操作

续表

授权运营环节	解释说明
公共数据资产交易流通	公共数据资产的交易流通主要包括数据资产的价值评估、数据产品交付、收益分配等活动。其中,价值评估是指根据成本法、收益法、市场法等数据价值评估方法,对经过合法处理后形成的公共数据产品进行定价交易的过程;数据产品交付是指按市场化有偿使用原则,在安全可控的环境下,由公共数据运营方根据需求方协议要求提供公共数据产品并获得相关收益的过程;收益分配是指公共数据运营方根据公共数据价值评估标准和运营过程中各方主体的贡献度,通过商洽的方式合理分配运营收入的过程
公共数据资产应用追溯	公共数据资产的应用追溯是指数据开发利用方在获得公共数据产品和服务的基础上,进一步进行数据分析、开发新的数据产品等数据应用的过程。在这一环节中,公共数据授权运营方将对数据开发利用方对公共数据的超范围使用、超场景使用等情况进行安全追溯管理。同时,公共数据开发利用方应接受公共数据授权运营监管机构的管理
公共数据资产效果评估	公共数据资产的效果评估是指公共数据授权运营主管部门通过构建公共数据授权运营效果评估体系,组织对公共数据授权运营效果进行评估的过程

公共数据资产授权运营模式是指针对公共数据资源的一系列管理和运营活动,旨在实现数据资产的最大化利用和价值创造,这种模式涵盖了数据的采集、存储、处理、分析和共享等环节,强调通过有效的管理和技术手段,促进公共数据资源的整合与开放,推动数据在经济社会各领域的广泛应用。对公共数据资产授权运营模式关键环节的解释说明见表4-3。

表4-3 公共数据资产授权运营模式关键环节

关键环节	解释说明
数据采集与汇聚	通过合法、合规的方式,广泛收集各类公共数据资源,并进行统一的汇聚和存储。收集的公共数据资源包括政府机构、公共事业单位、企业等各方产生的数据,涵盖社会、经济、环境等多个领域
数据处理与分析	运用先进的技术手段,对采集到的公共数据进行清洗、整合、分析和挖掘,提取出有价值的信息和知识。这有助于发现数据中的潜在规律和趋势,为政府决策、社会治理和经济发展提供有力支撑

续表

关键环节	解释说明
数据共享与开放	在确保数据安全的前提下，推动公共数据资产的共享和开放。通过建立数据资产共享平台或数据资产开放目录，向社会公众、企业和其他组织提供便捷的数据获取途径，促进数据资产的流通和应用
数据资产价值创造	通过数据资产授权运营，实现数据价值的最大化。这包括将数据资源转化为数据产品和服务，满足政府、企业和社会公众的不同需求；同时，通过数据交易、数据授权等方式，实现数据资产的商业化授权运营，创造经济收益

在当今信息化社会，公共数据资产已成为推动经济社会发展的重要力量，公共数据资产授权运营模式的选择和实施对于提升政府治理能力、促进社会创新和经济发展具有重要意义。每个授权运营模式都有其不同的优势和劣势，需要根据具体情况进行选择和优化；同时，随着社会的进步和科学技术的发展，公共数据资产授权运营模式也需要不断创新和完善，以更好地服务于公共利益和社会发展。一般来说，公共数据资产授权运营模式可以分为表4-4所示的三类。

表4-4 公共数据资产授权运营模式

经营模式	解释说明	优势	劣势
政府主导模式	①政府直接授权运营。政府成立专门的机构负责公共数据的采集、整理、存储和开放，通过政府网站或其他渠道向社会公众提供数据服务。这种模式可以确保数据资产的安全性和可靠性，同时也便于政府进行数据资产的管理和监督。②政府授权运营。政府将公共数据资产的运营权授予特定的企业或机构，由其负责数据的采集、整理、存储和开放，并向社会公众提供数据服务。政府通过合同或其他方式对运营机构进行监督和管理，确保数据资产的质量和安全性	①数据资产安全性高。政府直接负责数据资产的管理和运营，能够保障数据资产的安全性和可靠性。②数据资产质量有保证。政府可以制定统一的数据资产标准和规范，确保数据资产的质量和一致性。③公共利益优先。政府主导模式能够更好地保障公共利益，使公共数据资产更好地服务于社会公众	①行政成本高。政府需要投入大量的人力、物力和财力来运营公共数据资产，行政成本较高。②市场反应慢。政府主导模式可能无法及时满足市场需求，对市场变化的反应不够灵活

续表

经营模式	解释说明	优势	劣势
公私合作模式	①政府和企业共同出资成立合资公司，负责公共数据资产的运营。这种模式可以充分发挥政府和企业的优势，提高数据资产的授权运营效率和质量。②购买服务模式。政府通过购买服务的方式，委托专业的企业或机构负责公共数据资产的授权运营。这种模式可以降低政府的授权运营成本，同时也可以提高数据资产的运营质量和服务水平	①优势互补。政府和企业可以充分发挥各自的优势，提高数据资产的运营效率和质量。②降低成本。公私合作模式可以降低政府的授权运营成本，同时也可以提高企业的经济效益。③市场反应灵活。企业具有较强的市场反应能力和创新能力，能够更好地满足市场需求	①利益冲突。政府和企业在合作过程中可能存在利益冲突，需要加强沟通和协调。②数据资产安全风险。企业参与公共数据资产的运营可能会带来一定的数据安全风险，需要加强监管
数据交易平台模式	①数据资产交易所模式。成立专门的数据交易所，为数据资产供需双方提供交易平台，促进数据资产的流通和交易。数据交易平台模式可以提高数据资产的流通效率，降低交易成本，同时也有利于数据资产的定价和评估。②数据中介机构模式。基于数据流通平台，建立数据资产评估、登记、确权和交易清算体系，实现数据资产的贡献者、使用者、流转平台按比例分成。③数据资产交易收益模式。保证市场各个交易主体权益，促进全社会按贡献参与数据资产价值分配的数字治理体系建设	①提高数据资产流通效率。数据交易平台模式可以打破数据孤岛，促进数据的流通和交易，提高数据资产的利用价值。②降低交易成本。数据交易平台模式可以提供标准化的数据交易服务，降低交易成本，提高交易效率。③促进数据资产创新。数据交易平台模式可以吸引更多的企业和机构参与数据资产的开发和利用，促进数据资产创新	①数据资产质量问题。数据交易平台上的数据质量参差不齐，可能存在一些虚假数据和不准确数据。②数据资产安全问题。数据交易平台可能会面临数据泄露和数据滥用等安全问题，需要加强数据安全管理

公共数据资产授权运营总体框架涉及七大模块，包括授权运营依据、授权运营监管、数字底座、用户、资源层、业务层、服务层，这些模块共同构成了公共数据资产授权运营的完整体系，确保数据资产的高效利用和安全共享。公共数据资产授权运营总体框架全面且系统，每个模块都有其独特的功能和作用，共同支撑着整个公共数据资产授权运营体系的稳定、高效运行，通过不断优化和完善这些模块，可以推动公共数据资产的高效利用和安全共享，为经济社会发展提供有力支撑。公共数据资产授权运营总体框架如表4-5所示。

表 4-5　公共数据资产授权运营总体框架

模块	解释说明
授权运营依据	授权运营依据是公共数据资产授权运营的导向。公共数据资产授权运营要以国家战略为指引，遵从法律法规的约束，符合地方政策、行业准则和标准规范的要求，确保整个公共数据资产授权运营活动合法合规
授权运营监管	授权运营监管是公共数据资产授权运营的保障。通过监管公共数据资产授权运营过程中的核心能力要素，包括数据监管、模型监管和平台监管等，确保公共数据资产授权运营和服务等活动开展的风险可控；通过监管公共数据资产授权运营过程中的关键市场要素，包括主体监管、流通监管和跨境监管等，确保公共数据资产服务市场的健康良性发展
数据底座	数据底座是公共数据资产授权运营的基础。公共数据资产授权运营关系国家安全、国计民生和社会公共利益，所以要构建一个核心能力集中、安全可控、行为可追溯的数字底座，承载基础公共数据资产的总体运营，包括统一的数据管理平台、服务运营平台、安全管理平台等。数据底座既可以支撑内循环的面向政府部门之间的数据共享应用，提升政府的治理和服务能力，又可以支撑外循环的面向社会主体的开放应用，释放公共数据资产价值
用户	用户模块是公共数据资产授权运营的服务对象，包括政府、企业、公众等不同类型的用户。通过用户模块，可以了解用户需求、为用户提供个性化的数据服务，并促进数据资产的共享和利用
资源层	资源层是公共数据资产授权运营的供给，包括数据资源和知识资源。数据资源包括从政府各级行政机关、履行公共管理和服务职能的事业单位所汇集的公共管理数据及公共服务数据，以及在开展公共数据资产授权运营过程中所采集和沉淀的社会数据及企业数据等；知识资源包括在公共数据资产授权运营和服务过程中产生的能够促进公共数据资产价值流通的应用场景、模型、算法、标准及规则等价值资源
业务层	业务层包括内部管理和外部运营。内部管理主要是面向公共数据资源或资产的全生命周期管理，包括面向政府各部门及其下属机构的数据汇集，通过统一的数据管理和治理提升数据质量和价值，同时确保数据入、存、管、用等各环节的安全。外部运营首先需要确认运营主体，并明确其权责利；其次，要明晰运营模式，包括合作方式、利益分配和监管机制等；再次，要构建内部管理数据之间的安全传输通道，确保内外部数据流通的安全、顺畅；从次，封装或研发对外数据服务和产品，推动公共数据资产价值流通；最后，通过认证授权，确保生态相关参与方的数据访问范围和权限清晰、行为可追溯
服务层	服务层包括面向政府数据资产共享的内循环和面向社会服务的外循环。内循环是确保安全可控前提下的数据共享应用，授权运营主体通常为政府部门或事业单位，重点关注数据采集、数据共享和数据应用等环节的管理机制、路径和方法；外循环是开放的新兴数据要素市场形成过程和产业生态构建过程

公共数据资产授权运营模式的实施，有助于提升政府数据治理水平，推动数字经济的发展和创新，通过优化数据资源配置、提升数据质量和价值、加强数据安全保障等措施，可以进一步推动公共数据资产授权运营模式的发展和完善。但在构建公共数据资产授权运营模式时，还需要注意以下几点：首先是遵从法律法规，确保公共数据资产授权运营活动符合相关法律法规和政策要求，保障数据的合法性和合规性；其次是加强数据安全管理，采取适当的技术和管理措施，防止数据泄露、滥用和非法获取等问题的发生；最后还需要推动政府、企业和社会公众之间进行协作，实现共赢，进而促进公共数据资产授权运营模式的发展和应用。

然而，公共数据资产授权运营模式也面临一系列挑战，其面临的挑战及未来发展趋势如表 4-6 所示。

表 4-6 公共数据资产授权运营模式面临的挑战及发展趋势

类别	解释说明
公共数据资产授权运营模式面临的挑战	①数据资产安全与隐私保护问题。如何在保障数据安全和隐私的前提下，实现数据的开放和共享，是公共数据资产授权运营模式面临的重要挑战之一。 ②数据资产质量管理问题。如何提高公共数据的质量，确保数据的准确性、完整性和一致性，是公共数据资产授权运营模式面临的另一个挑战。 ③数据资产流通与交易机制问题。如何建立健全的数据流通与交易机制，促进数据的流通和交易，是公共数据资产授权运营模式需要解决的关键问题
公共数据资产授权运营模式的发展趋势	①更加注重数据资产安全与隐私保护。随着数据安全和隐私保护问题的日益突出，公共数据资产授权运营模式将更加注重数据安全和隐私保护，并采取多种技术手段和管理措施来保障数据的安全及用户的隐私。 ②数据资产质量将成为公共数据资产授权运营的核心竞争力。为提高数据资产的利用价值和社会经济效益，公共数据资产授权运营模式将更加注重数据质量的管理和提升，建立健全的数据质量管理体系。 ③数据资产流通与交易机制将不断完善。为促进数据资产的流通和交易，提高数据资产的利用效率和社会经济效益，公共数据资产授权运营模式将不断完善数据资产流通与交易机制，建立健全的数据资产流通与交易平台。 ④人工智能等技术将在公共数据资产授权运营中得到广泛应用。随着人工智能等技术的不断发展和应用，公共数据资产授权运营模式将更加注重人工智能等技术的应用，以提高数据资产的分析和处理能力，为政府决策和社会公众提供更加精准的数据资产服务

综上所述，公共数据资产授权运营模式是一种实现公共数据资源最大化利用和价值创造的有效方式。通过合理的授权运营模式和有效的技术手段，可以促进公共数据在经济社会各领域的广泛应用，推动数字经济的发展和创

新。公共数据资产授权运营模式的选择应该根据具体情况进行综合考虑，既要考虑数据安全和隐私保护，又要考虑数据的利用价值和社会经济效益，不同的授权运营模式有不同的优势和劣势，需要根据实际情况进行选择和优化；同时，公共数据资产授权运营模式的发展也面临着一些挑战和问题，需要政府、企业和社会各界共同努力，加强合作，积极探索创新，共同推动公共数据资产的开放和利用，为经济社会发展提供有力支撑。

4.1.2 公共数据资产授权运营规范性要求

公共数据资产授权运营规范性是指在公共数据资产的管理、利用和运营过程中，遵循国家法律法规、行业规范以及政府相关政策要求，确保数据收集、处理、存储、共享、利用和交易的各个环节都具备明确的规范、流程和控制措施，以保障数据的安全性、完整性、合规性和价值的最大化。其授权运营规范性建立在国家法律法规和政策文件的基础上。例如，我国的《网络安全法》《数据安全法》《个人信息保护法》等法律法规为公共数据的收集、存储、处理、使用、共享和开放提供了法律框架；同时，《中共中央、国务院关于构建数据基础制度更好发挥数据要素作用的意见》《四川省数据条例》等政策和法律文件也为公共数据资产授权运营提供了指导和支持。

我国公共数据资产授权运营整体处于启动阶段，国家鼓励各类社会主体参与平台建设和授权运营探索，建立健全公共数据资产授权运营管理机制和生态体系。规范性体现在授权运营制度的规范化。在授权管理主体、授权对象资质、授权运营场景、授权管理程序、收益分配机制、运营评估标准、日常监督管理、授权期限及退出机制等方面，建立健全的公共数据资产授权运营制度，要求运营主体多方参与和分类分级管理。公共数据资产授权运营应遵循"统筹协调、集约建设、需求驱动、授权使用、安全可控、谁使用谁负责，谁运营谁负责"的原则。

我国围绕建设网络强国、数字中国和智能社会制定实施了一系列政策和法律法规，特别是《纲要》提出"开展政府数据授权运营试点，鼓励第三方深化对公共数据的挖掘利用"，为公共数据运营构建了良好的环境。具体措施包括：①国家政策文件加快细化落地。随着数据要素市场化配置改革的推进以及数据安全、网络安全、个人信息保护等政策法规颁布实施，公共数据资产授权运营总体上由研究部署迈入实施推进阶段。如推进公共基础信息数据安全有序开放，探索将公共数据资产服务纳入公共服务体系的方式，构建统一的国家公共数据资产开放平台和开发利用端口，强化数据资源全生命周期安全保护。各行业各地区统筹数据资产开发利用、隐私保护和公共安全，制定具体实施方案。②地方制度创新持续优化。各地区将围绕公共数据、数字经济等进一步健全政策法规和标准规范，纵深推进首席数据官、数据资产凭证、数据专区、公共数据资产授权运营、数据资产评估、数据资产交易监管、数据资产安全管理等制度创新。③行业领域创新探索各有特色。支持构建农业、工业、交通、教育、安防、城市管理、公共资源交易等领域的规范的数据资产开发利用场景，在互联网、金融、通信、能源等领域开展数据资产价值评估试点，以加快各行业各领域制度建设的步伐，不断完善全国公共数据资产授权运营的制度体系。

公共数据资产授权运营有参与主体多、技术领域广、监管难度大等特点，但是随着国家数据安全制度建设加快和数字技术创新不断取得突破，合规监管机制将持续完善。一是参与主体权责体系不断健全。随着参与主体权责分工的逐步清晰，各公共数据资产授权运营主体将加快推进健全数据资产管理权、运营权、开发权、监管权，构建覆盖数据资产运营全生命周期的权责分工体系。二是制度建设和技术运用相结合。加快构建标准规范和数字技术相结合的监管体系，推动数据资产开发利用和数据安全等领域的技术推广和商业创新，提升合规监管的公开性、安全性和智能化水平。三是政府监管和行业自律相结合。加快构建政府监管和行业自律相结合的协同治理模式，推动相关行业协会出台公共数据资产利用、安全管理等公约，促进行业建立和完善自律管理机制。随着"数据二十条"等一系列政策和法律法规的相继出台，数据要素市场培育进展加速，数据资源大循环的方向愈加明确。尤其是在人工智能快速迭代、大模型与大数据协调配合的发展态势中，数据要素战略地位进一步凸显。各地方、各部门、各大企业纷纷加快数据要素领域布局，从体制机制、市场流通、产品研发、标准规范等多层次、多角度开展落地方案的深度探索，涌现出数据要素价值释放新热潮。

2023年9月，中国信息通信研究院在"数据要素发展大会"上发布了《数据要素白皮书》，对数据开发利用的重点方向、探索内容、数据资源配置、技术要求等进行了阐述，得出了有价值的结论，表4-7对其中的核心观点进行了解释说明。

表4-7 《数据要素白皮书》核心观点汇总

核心观点	解释说明
公共、企业、个人三类数据有不同重点突破方向	在推进数据开发利用、释放数据价值过程中，不同类型数据面临不同的重点任务与关键问题，分类推进数据要素探索已成为当前共识。其中，如何加大公共数据的供给规模、推动供给提质增效成为公共数据发展的关键问题；如何认定企业数据的业务贡献，促进数据价值"显性化"成为企业数据面临的关键问题；如何在加强相关个人权益保护的基础上对个人数据进行开发利用是个人数据面临的关键问题

续表

核心观点	解释说明
企业政府双向发力推进可持续探索	企业和政府构成推进数据要素发展的核心力量。其中，企业是冲锋在前的创新主体，政府则主要发挥有序引导和规范发展的作用。在数据要素市场建设过程中，企业侧应不断提升数据管理能力和应用能力，政府侧应推动建立公平高效的机制，在扮演好各自角色的基础上守正创新、双向发力，共同推进数据要素发展的可持续探索
数据流通场内外结合推动数据资源最优配置	数据要素市场是实现数据要素价值第三次飞跃的关键。数据在市场中流向更需要的地方，让不同来源的优质数据在新的业务需求和场景中汇聚融合，实现双赢、多赢的价值利用。在此基础上，不同的数据流通形态串联起各类主体，推动场内外数据要素市场的活跃发展，引导数据要素在供需关系与价格机制的作用下实现最优配置，创造更大的经济效益
数据技术基于业务需求加速创新与体系重构	数据技术是伴随业务要求发展的。当前，第一代和第二代数据技术体系已基本成熟，第三代数据技术逐渐兴起，新技术不断涌现，云原生、软硬协同、湖仓一体、人工智能、隐私计算、时空数据库等技术在助力降本增效、促进安全流通和释放数据价值方面发挥了重要作用。随着数据规模的爆炸式增长、数据类型日渐丰富，传统大数据处理技术面临着诸多挑战。以满足业务需求为导向的数据技术体系正不断变革创新，在数据采集、存储、计算、管理、流通、安全等方面加速重构

综上所述，公共数据资产授权运营规范性是确保公共数据资产合法、安全、高效利用的重要保障。通过遵循相关法律法规和政策要求，建立科学合理的授权运营模式和流程，以及加强数据安全与监管等措施，可以充分发挥公共数据资产的价值和潜力，推动数字经济的持续健康发展。

4.1.3 公共数据资产授权运营模式多样性

公共数据资产授权运营模式的多样性主要体现在不同地区、不同行业以及不同需求下，所形成的各具特色的授权运营模式。这些模式在参与主体、授权方式、授权运营流程、技术支撑等方面都呈现出显著的差异性和创新性。

我国近年来高度重视公共数据资产，特别是政务数据资产，在政策制定、平台建设、内部共享和对外开放等领域展开了大量实践，取得了显著成果，进一步凸显了公共数据资产的重要价值。如何全面激活公共数据资源，创新开发利用机制、模式、场景成为当前的核心议题。在《纲要》中提出了开展政府数据资产授权运营试点，鼓励第三方机构深入挖掘和利用公共数据资产。

在此背景下，各地各部门积极探索公共数据资产授权运营的路径，并不断尝试创新，逐渐积累了丰富的经验，表 4-8 中介绍了五个代表性地区的公共数据资产授权运营模式。

表 4-8　五个代表性地区的公共数据资产授权运营模式

模式	解释说明
北京：公共数据＋行业应用	北京市在公共数据授权运营中采取了分行业集中的数据专区模式，其中金融领域的公共数据专区是该模式的一大亮点。自 2020 年 9 月启动金融公共数据专区以来，北京市政府已授权北京金融控股集团有限公司进行运营，标志着我国在公共数据授权运营方面的创新进展。 为规范这一模式，2023 年 12 月，北京市经济和信息化局发布了《北京市公共数据专区授权运营管理办法（试行）》，旨在规范公共数据专区的运营管理机制、工作流程、单位管理要求、数据管理规定以及安全和绩效评估等方面，并分类建设三种公共数据专区（领域类、区域类和综合基础类）。 该管理办法提出了分领域建设公共数据专区的概念，并鼓励专区探索市场自主定价模式。市大数据主管部门在这一体系中发挥着重要作用，负责统筹协调、制定规则、指导监督等工作，并依托本市信息化基础设施为各专区提供共性技术支持。同时，市大数据主管部门还制定了公共数据专区运营绩效考核评估指标体系，对专区运营单位进行定期评估，优秀者将获得更多资金支持与政策倾斜，而表现较差者则可能面临终止运营协议等后果
浙江：顶层统筹＋试点落地	浙江省在公共数据授权运营方面确立了顶层统筹的制度。于 2022 年 10 月起草的《浙江省公共数据授权运营管理暂行办法（征求意见稿）》，为规范这一领域提供了法规依据。该征求意见稿规定了公共数据授权运营的程序，要求申请单位在经过"申请—资格审查—评审"环节后，方能获得授权并与公共数据主管部门签订授权运营协议。 在此基础上，浙江省于 2023 年 8 月发布了《浙江省公共数据授权运营管理办法（试行）》，进一步明确了对授权运营的职责、权限、流程和监管等方面的规定，为这一领域提供了制度保障。此举为省、市、县（区）三级政府中建立了公共数据授权运营管理工作协调机制，以确保公共数据授权运营工作的顺利推进。与此同时，浙江省在全域范围内设立了多个试点，以先行的方式探索公共数据授权运营的模式和机制。在杭州市、宁波市、余姚市、温州市等地，已完成了相关探索工作，为公共数据授权运营的进一步推进提供了宝贵经验

续表

模式	解释说明
广西：统一授权＋全流程支持	2023年11月，广西壮族自治区率先在公共数据授权运营领域取得突破，通过"智桂通"公共数据授权运营平台统一对外颁发了首张《广西公共数据授权运营凭证》。这一凭证包含了数据授权方名称、数据开发场景、产品服务范围、服务对象描述、数据运营方名称、统一社会信用代码、有效期等关键信息，并且经过了公共数据授权。 为贯彻落实广西壮族自治区人民政府办公厅发布的《广西壮族自治区人民政府办公厅关于印发加快推进"智桂通"建设实施方案的通知》和《广西壮族自治区公共数据授权运营试点实施方案》工作要求，自治区选定了自然资源、交通、农业、工业、电力等六个重点领域，在"智桂通"及其依法设立的数据交易平台上开展了公共数据授权运营工作。这一举措旨在规范入围、申请、审核、公布、登记、备案、交付、中止等授权运营管理活动，提升数据运营的规范性和效率。 首张授权运营凭证由柳州市大数据发展局开发，涉及公积金核验数据产品。该产品通过对公积金、社保、税务等公共数据进行脱敏加工建模，为企业提供了快速的贷款信用评估服务，为金融行业提供了重要支持。 "智桂通"公共数据运营平台作为广西公共数据授权运营试点的核心入口，拥有数据总量达37亿条，挂载了政务服务、企业服务、交通出行、旅游文化等720个数据接口，日均接口调用次数超过2000万次。该平台实现了从运营方入围、合规性审核、凭证生成、数据产品发布到合同备案等全流程的系统支持。借助"智桂通"基础设施底座、移动开放生态圈、数据运营系统等核心平台，构建了公共数据服务和数据产品的安全、监测、追溯保障体系。在确保全流程数据安全可靠、可信、可控的前提下，该平台为各类数据需求企业提供服务，加速数据的高效流通，推动数据要素全生态链的健康发展
福建：一体统筹＋二级授权	福建省在公共数据领域展现出独特的一体统筹与二级授权模式。这一模式由一家国资大数据集团全面负责建设全省范围内的公共数据共享、开放和开发利用平台。作为国内较为罕见的以省级行政区为单位统筹公共数据授权运营的地区之一，福建省已经基本实现了省级层面公共数据开发利用体制机制和平台基础设施建设的贯通。 根据《福建省政务数据管理办法》的规定，福建省政务数据资源属于国家所有，因此，福建省的省委省政府具有本省公共数据的所有权，由福建省数字办代行管理职责。作为授权主体，福建省数字办负责指导、监管和协调公共数据授权运营工作，并对数据二级开发环节中的应用场景进行安全审核，授权开发主体进行数据使用。 福建省的公共数据授权运营由福建省政府设立的大数据集团负责管理，向福建省数字办负责汇报。作为公益类国有企业，福建省大数据集团作为公共数据资源的一级开发主体，既受政府全面监管，为政府提供数据服务，又具备灵活应对市场需求的能力，为市场提供数据化公共服务，并确保公共数据的安全性。

续表

模式	解释说明
	在公共数据授权运营体系和基础设施建设方面,福建省大数据集团建立了统一的平台、公共支撑、组件支撑和公共资源配给机制。在数据开发利用场景下,大数据集团作为技术支撑单位和市场化运营单位,虽然不拥有数据所有权,但在经过数字办的行政审批后,可与二级开发主体签订数据使用和安全保障协议,提供数据运维保障和技术支持。 在数据安全保障方面,福建省大数据集团于 2023 年 4 月成立了全资子公司——福建大数据信息安全建设运营有限公司,致力于统筹全省数字政府安全一体化建设工作。该公司旨在为数字福建建设提供核心产业保障和技术支撑,构建新一代网络、系统与数据安全体系,确保"环境可控、风险可管、监管可达"的安全保障标准落地实施
济南:综合授权+分领域授权	《济南市公共数据授权运营办法》(本表以下简称《办法》)于 2023 年 12 月 1 日正式实施,开创性地提出了"大数据主管部门综合授权、数据提供单位分领域授权"的授权模式。这种模式旨在在保证大数据部门整体指导的同时,充分调动各数据持有单位的积极性,从而确保数据资源的高质量供给。积极推进《办法》试点,遵循"一场景一授权"的原则,推动济南财金集团、北方医疗大数据公司、黄河住房研究院等单位在数据供给、使用、管理、定价等方面进行探索。企业数据入表方面也取得进展,山东四季汽车服务有限公司完成全市首单数据融资 300 万元,并在探索将登记审核后的数据资源作为数据交易、资产入表、融资抵押的依据。 为规范济南市公共数据授权运营管理工作,相关立法工作的过程中应着重关注引领性、多元化和全方位等关键要素。 首先,构建引领性公共数据授权运营体系,根据国家政策,结合本市实际,《办法》系统地规范了数据授权、加工处理、安全保障和监督管理等相关活动。明确了"公共数据授权运营"的概念,强调了发展与安全并重的原则,并优先支持公共数据用于公共治理和公益事业领域,同时积极支持其在金融、信用、医疗、交通、文化等紧密相关领域的开发利用。 其次,创新多元化的公共数据授权运营方式,多元化的授权方式更有利于构建适合公共数据开放利用的生态体系。《办法》明确了综合授权、分领域授权等方式,并逐步探索其他分级授权方式。综合授权由大数据主管部门实施,而分领域授权由数据提供单位实施。同时,《办法》还详细规范了公共数据授权运营的程序及要求。 此外,全方位保障公共数据授权运营安全,确保数据安全是工作的首要任务。《办法》规定了公共数据授权运营应当依法进行安全审查,保障国家安全、社会公共利益,保护国家秘密、商业秘密和个人隐私。同时,市大数据主管部门建立了全生命周期安全合规管理机制,制定了安全合规审查、风险评估、监测预警等授权运营安全防护制度规范和技术标准,建设专属公共数据授权运营平台作为统一的通道和管理平台,以保证"原始数据不出域"。此外,《办法》还从授权运营的安全责任、安全培训、应急处置、运营评估等方面进行了多维度的安全制度设计,全力保障公共数据授权运营全流程的数据安全

公共数据资产授权运营模式在各地的推进方式存在差异。一种推进方式是政府集中推进。如德阳市与中国电子科技集团有限公司合作，建立了基于数据要素和数据智库的机制，以实现政府部门内部的数据收集与加工，随后通过市场机制促进本地公共数据资产的实现。另一种推进方式是行业牵引。如北京专区设计，实际上设计了金融专区、交通专区、位置专区等，也包括交易科研专区。这些特定行业领域边界清晰，数据条件较成熟，可基于此进行授权运营。北京通过授权运营方式开发数据初级产品并服务于各大银行和金融机构。各大银行进行账户核验和信用评估时直接对接金融专区，形成高效授权运营机制，为金融行业提供数据。另外，在一定区域或基于区域一体化考量，推进公共数据资产授权运营，如长三角、珠三角等地区，其产业融合速度快，城市生活高度一体化，授权运营需要构建区域化大数据中心，有效整合和开发原有各类公共数据，形成许多数据产品和服务。还有一种推动方式是场景驱动，特别是新冠肺炎疫情防控场景，即根据公共卫生防疫需求生成特定应用场景，授权运营相关数据，形成健康码和行程码。在公共数据资源转化为价值的过程中，从授权运营整个链条来看，数据从资源到最终形成产品和服务是一个较长的过程，并非简单授权后企业即可呈现出较高的数据价值。

公共数据资产授权运营模式的差异性还表现在授权集中程度和需求驱动视角方面。从授权集中程度方面来看，有一种是集中统一的授权运营模式，这种模式是政府通过立法规范公共数据资产的开发利用，明确各级政府和部门的权责，构建统一的数据资产管理和授权运营体系。例如，某些省份通过建立大数据交易公司或数据交易所，实现公共数据的集中汇聚、整合和交易，推动公共数据资产的有效利用。从需求驱动视角方面来看，模式可以分为行业主导模式、区域一体化模式和场景牵引模式等，这些模式在不同场景下展现出其独特的优势。行业主导模式注重发挥行业主管部门的作用，推动公共数据在行业内的共享和应用；区域一体化模式则强调跨地区、跨部门的数据资源整合和协同，实现区域范围内的数据互联互通；场景牵引模式则更加关注具体应用场景的需求，通过公共数据的开放和应用，推动相关产业的发展和创新。此外，随着技术的发展和应用场景的不断拓宽，新的公共数据资产授权运营模式也在不断涌现。例如，基于区块链技术的去中心化数据资产授权运营模式、基于人工智能技术的智能数据资产授权运营模式等，都在为公共数据资产授权运营带来新的可能性。

总的来说，公共数据资产授权运营模式的多样性不仅体现在其组织架构、运作机制和管理方式上,更体现在其适应不同场景、满足不同需求的能力上。这种多样性为公共数据资产价值的充分挖掘和应用提供了广阔的空间,也为数据要素市场的繁荣发展注入了新的活力。

4.1.4 公共数据资产授权运营典型模式分析

1. 行业主导模式

行业主导模式也可以理解为分领域授权模式,该模式主要由垂直领域行业管理部门统筹,开展行业内公共数据资产管理、运营、服务等各项工作。垂直领域的政府或中央(国有)企业中的数据归口管理部门开展公共数据资产管理平台建设,并授权和指导其下属国有企业作为公共数据资产统一授权运营机构,承担公共数据资产授权运营平台建设任务和数据汇聚、数据存储、数据加工等数据处理工作,并面向社会主体提供数据服务。同时,互联网信息办公室、发展和改革委员会、工业和信息化部、公安部等部门依法依规履行数据安全管理职责,对公共数据资产授权运营各参与方的行为进行安全合规监管,构建"全生命周期全流程安全管理"的格局,在防范数据泄露、保障全程数据安全和隐私保护方面发挥积极作用。此外,第三方评估机构主要针对公共数据资产治理、价值评估、质量评估等方面提供共性服务。

在可靠供给链方面,各政府部门作为数据资产提供者,享有数据资产控制权,根据应用需求,编制形成公共数据资产目录,对纳入授权运营范围内的公共数据资产实行登记管理。由公共数据归口管理部门构建安全可靠的公共数据资产管理平台,对公共数据资产及公共数据资产目录进行统一归口管理,并通过该平台统一授权给公共数据资产运营方,接入公共数据资产授权运营平台。相关监管部门负责牵头制定制度规范、标准、机制。在可信处理链方面,公共数据资产归口管理部门在构建公共数据资产管理平台的基础上,委托授权其下属国有全资或国有资产控股大数据企业,它们作为公共数据资产统一授权运营机构,联合分包承建单位,共同开展公共数据资产授权运营平台建设,提供公共数据资产授权运营环境、技术支撑、应用场景等。同时,公共数据资产归口管理部门也参与公共数据资产处理工作,并协助开展数据汇聚、数据存储、数据加工等数据处理工作,为数据资产服务开发提供可信数据资源。

在可控服务链方面,数据资产运营方作为数据资产服务的供给方,其职责在于深入挖掘数据价值,对数据资产进行开发利用与分析,形成可控数据资产服务和产品。根据数据资产服务使用者需求,通过数据交易机构或数产品服务平台为其提供数据服务。在可溯源数据资产授权链方面，以公共数据资产归口管理部门为主要授权主体，以数据资产运营方、数据资产服务使用者为主要授权客体，主要利用隐私技术实现全程闭环的数据资产安全和隐私保护服务，操作和处理记录可上链保存、不可被篡改。同时，结合相应管理运行机制，保障公共数据资源授权可溯源，使监管有据可循。

2. 区域一体化模式

区域一体化模式也可以称为整体授权模式，按照整体授权的思路，以区域内数据资产管理方统筹建设的公共数据资产管理平台为基础，整体授权给数据资产运营方，由它们来开展公共数据资产授权运营平台建设。基于统一的公共数据资产授权运营平台，按行业领域划分，引入不同行业内的数据资产运营机构开展细分领域内公共数据资产运营服务。第三方机构主要开展公共数据治理、价值评估、质量评估等共性服务。数据交易机构提供可信的数据服务供求撮合平台。在可靠供给链方面，各数据资产提供部门按照相关要求，编制本部门公共数据资源目录清单并登记数据资产，再由公共数据资产归口管理部门审核后，统一归集、统一授权开展公共数据资产授权运营服务，实现公共数据资产可靠供给。在可信处理链方面，以统一授权运营平台为底座，按行业领域分类授权，由各行业数据处理者相对独立地开展数据处理工作。在可控服务链方面，各行业授权运营机构授权数据资产服务方为服务需求方提供数据资产服务或数据产品。监管部门依法监管数据服务的全过程，授权运营机构建立数据服务反馈机制和成效评估机制。在可溯源数据资产授权链方面，公共数据资产管理部门负责数据全流程监管溯源工作，负责制定监管措施，建立授权机制，实现监管全覆盖，保证数据资产授权运营服务安全可控。

3. 场景牵引模式

场景牵引模式以政府及公共服务部门信息化设施为基础，按照数据资产应用的不同场景，由省（自治区、直辖市）政府数据资产归口管理部门制定实施公共数据资产开放共享及开发利用管理制度，统筹建设公共数据资产管理平台，并通过多次分类授权引入垂直领域高质量数据资产运营方，运用公共数据资产管理平台的数据资源开展相关数据服务。第三方机构主要提供数据、价值评估、质量评估等共性服务，监管部门依法依规监管公共数据资产授权运营相关主体行为，数据交易机构提供可信的数据服务供求撮合平台。

在可靠供给链方面，以公共数据资产管理部门为抓手，开展制度、标准、机制共建。其中，制度建设要明确公共数据资产各相关方的权力、责任和利益，为推动政府及公共服务部门持续有效提供公共数据资源奠定制度基础。在标准建设方面，制定实施一系列行业或地方标准及规范，以有效提升公共数据资产供给质量。在机制建设方面，构建相应的平台管理运行机制、数据资产流转审批（备案）及溯源机制、数据资产分类授权运营机制等。

在可信处理链方面，以公共数据资产管理平台为主要载体，由公共数据资产归口管理部门向各行业公共数据资产运营方分类授权，并提供相关数据，以便开展后续数据处理及服务工作。在可控服务链方面，以公共数据资产授权运营平台和公共数据资产归口管理部门为主要抓手，通过控制公共数据供应、分领域授权数据服务提供者等措施，有效保障各细分领域的数据服务质量，并降低数据服务提供者过于集中带来的"数据垄断"风险。

在可溯源数据资产授权链方面，确保在不转移公共数据资产最终管理权的前提下，数据资产管理部门向各类数据资产处理者和数据服务提供者合理有序提供公共数据资源。同时，监管部门依法依规开展相关监管工作，着力实现事前、事中及事后监管溯源全覆盖。

国内这三种公共数据资产授权运营典型模式既有共性特征，也有差异化特点。在共性方面，三种模式均基本遵循"公平公正、市场配置，安全可控、依法利用，挖掘价值、造福人民"的原则。授权运营总体思路基本以打造纵深分域综合运营体系为主线，以确保公共数据资产管辖权不转移为前提，以公共数据资产内循环为主要突破口，以"瓮城"为枢纽，以外循环为落脚点，以应用场景为牵引，以 DCMM 国家标准为准绳，充分运用数据沙箱、联邦学习、区块链等新技术，打造公共数据安全有序流通技术环境，完善数据资产授权运营机制和规则，强化公共数据资产授权运营监管和指导，提高各参与主体的数据资产管理能力，深入挖掘公共数据资产价值，为做强做优做大数字经济提供有力支撑。在差异化方面，行业驱动模式有利于加强数据资产管理、增强技术保障能力、提高开发利用效率，但该模式中公共数据资产管理及授权运营主体单一，数据资产垄断风险较大，不利于吸引社会各方有效运用公共数据资产开展相关技术、产品及模式创新。区域一体化模式有助于推动特定行业数据资产的专业化利用，但容易因公共数据资产授权运营主体单一而形成新的数据资产壁垒，不利于推进跨区域应用。

场景牵引模式对避免数据资产垄断、构建共建共治产业生态具有积极作用，但是该模式在运行过程中涉及多类主体间的协同互动，对多方协同管理、数据安全风险防范等提出了更高要求。公共数据资产授权运营模式在不同区域、不同领域、不同行业间存在较大区别，应因地制宜，以公共数据资产授权运营原则为基准，鼓励各地创新性地探索适合自身的授权运营模式。

4.2 公共数据资产授权运营案例分析

根据各地的资料整理显示，各省（自治区、直辖市）、市在数据基础设施层面采取了不同的建设思路，北京市、海南省等地方由不同主体分别建设公共数据开放、共享和授权运营平台。

4.2.1 北京模式

北京市全面贯彻落实党的二十大精神，按照做强做优做大数字经济的要求，坚持"五子"联动，发挥"两区"政策优势，把释放数据价值作为北京市减量发展条件下持续增长的新动力，以促进数据资产合规高效流通使用、赋能实体经济为主线，加快推进数据资产产权制度和收益分配机制先行先试。围绕数据资产开放流动、应用场景示范、核心技术保障、发展模式创新、安全监管治理等重点，充分激活数据要素潜能，健全数据要素市场体系，为建设全球数字经济标杆城市奠定坚实基础。

首先，北京市的数据资产管理已形成一批先行先试的数据管理制度、政策和标准。推动建立供需高效匹配的多层次数据交易市场，充分挖掘数据资产价值，打造数据要素配置枢纽高地。促进数字经济全产业链开放发展和国际交流合作，形成一批数据赋能的创新应用场景，培育一批数据要素型领军企业。北京市力争到 2030 年，数据要素市场规模达到 2000 亿元，基本完成国家数据基础制度先行先试工作，形成数据服务产业集聚区。

其次，北京市的数据资产管理率先落实了数据产权和收益分配制度，探索建立结构性分置的数据产权制度，推动界定数据来源、持有、加工、流通、使用过程中各参与方的合法权利，推进数据资源持有权、数据加工使用权、数据产品经营权结构性分置的产权运行机制先行先试。完善数据收益合理化分配，按照"谁投入、谁贡献、谁受益"原则，建立数据要素由市场评价贡献、按贡献决定报酬的收益分配机制。鼓励数据来源者依法依规分享数据并获得相应收益。北京市也加快推动数据资产价值实现，措施包括开展数据资产登记，探索数据资产评估和入表等。不断推动完善数据资产价值评估模型，推动建立健全的数据资产评估标准，建立完善的数据资产评估工作机制，开展数据资产质量和价值评估，为数据资产流通提供价值和价格依据，保障数据资产价值的公允性。探索数据资产入表新模式。探索将国有企业数据资产的开发利用纳入国有资产保值增值激励机制。探索市场主体以合法的数据资产作价出资入股企业、进行股权债权融资、开展数据信托活动。在风险可控前提下，探索开展金融机构面向个人或企业的数据资产金融创新服务。做好数据资产金融创新工作的风险防范。

最后，全面深化公共数据资产开发利用，完善公共数据开放体系，推进公共数据专区授权运营。培育发展数据要素市场，建设一体化数据流通体系，推进社会数据有序流通，率先探索数据跨境流通、大力发展数据服务产业，发展数据要素新业态，推进数据技术产品和商业模式创新，推进数据应用场景示范，开展数据基础制度先行先试，打造数据基础制度综合改革试验田，建设可信数据基础设施。加强数据要素安全监管治理，创新数据监管模式保障措施，切实加强组织领导，建设数据人才队伍，加大资金支持力度。

北京市针对数据资产授权运营模式在数据要素领域探索实践，得出有价值的实践结论，具有一定的参考意义，表 4-9 分别对实践的做法、经验和启示进行了概括，表 4-10 对实践经验进行了总结。

表 4-9 北京市数据要素探索实践概览

类别	内容
北京市数据要素探索的六种做法	① 密集出台数据要素法律法规； ② 创新实践公共数据专区运营； ③ 探索数据基础设施建设方式； ④ 大力发展多种业态数据产业； ⑤ 建立安全可信数据交易平台； ⑥ 探索建立数据跨境流动规则
北京市数据要素探索的六条经验	① 法律法规侧重促进数字经济发展； ② 创新数据分散授权专区运营模式； ③ 一体化数据基础设施正不断完善； ④ 强化隐私计算等数据技术的支撑； ⑤ 数据服务产业成为支持发展重点； ⑥ 发挥政治优势探索数据跨境流动
北京市数据要素探索的六点启示	① 尽快出台促进数据发展的国家立法； ② 尽快启动国家数据基础设施的建设； ③ 公共数据授权运营应统筹不同环节； ④ 尽快组织数据技术的国家重大专项； ⑤ 尽快规范数据产业名称及内涵外延； ⑥ 坚持以内促外的数据流通中国方案

表4-10 北京市数据资产探索实践经济经验总结

经验总结	解释说明
充分认识加强数据资产管理的重要意义	数据资产作为新兴资产类型，正日益成为推动数字中国建设和加快数字经济发展的重要战略资源。各有关单位要切实提高政治站位，完整、准确、全面贯彻新发展理念，坚持以推动高质量发展为主题，立足自身职能定位和管理范围，积极探索创新数据资产管理的方式方法，充分释放数据资产价值，推动数据资产赋能数字经济高质量发展，助力北京进行全球数字经济标杆城市建设
确保数据资产管理全过程的安全合规	各有关单位要认真贯彻总体国家安全观，严格遵守相关法律制度规定，统筹发展和安全的关系，以保障数据安全为前提，推进数资产化，确保把安全贯彻到数据资产全生命周期管理中。强化数据资产安全风险综合研判，深度分析数据资产风险环节，及时识别潜在风险事件。实施数据资产分类分级管理，建立数据资产安全管理制度和监测预警、应急处置机制，明确数据资产全生命周期各环节防护要求。加强数据安全技术防护，筑牢数据资产安全保障防线
积极探索数据资产化管理的有效路径	坚持从实际出发，以推动数据资产合规高效流通使用为主线，稳妥有序推进数据资产化，更好发挥数据资产价值。加强数据资产全过程管理，明晰数据资产权责关系，逐步完善数据资产使用管理、开发利用、价值评估、收益分配、安全保密、信息披露等方面的工作，探索形成适合本行业领域的数据资产化管理的有效路径
稳步推动数据资产的开发利用	坚持顶层设计和基层探索相结合，鼓励支持创新，积极推进数据资产管理的相关试点工作。支持有条件的企事业单位结合已出台的文件制度，因地制宜开展数据资产全过程管理的先行先试工作。按"先试点、后推开"的工作思路，及时总结经验，复制推广优秀项目和典型案例，形成经验模式后以点带面逐步推开，稳步推动数据资产开发利用，提升数据资产管理水平

4.2.2 海南模式

海南省以公共数据资源开发利用为切入口，在"数据不出域"的前提下，重点解决数据"供得出、流得动、用得好"的问题，在实践过程中，逐步形成了具有海南自贸港特色的数据基础设施的理论架构、实践基础和未来方向。

(1) 供得出——建立"三目录""三清单"和全流程数据治理闭环管理机制。

海南省自 2020 年开展公共数据开发利用试点以来,通过"三目录""三清单"的业务架构(即职责目录、系统目录、数据目录;数据需求清单、数据责任清单、数据负面清单),以及公共数据质量探查,夯实公共数据的编目、归集与治理,为公共数据要素流通奠定了基础。同时为保证元数据基础设施数据供给质量,建立了数据使用方和数据供给方之间的闭环管理流程,形成了"数据使用方反馈问题—统一受理形成问题工单—推动数源部门整改—限时办理反馈—办结"的全流程闭环。并通过建立 7 个一级指标、19 个二级指标、31 个三级指标的考核体系,对数据目录、数据归集、数据治理、数据服务、季度任务等情况进行打分,按季度对数源单位进行评估考核。截至 2024 年上半年,海南省已建设完成全省统一的基础数据库,数据中台归集数据表 96593 个,完成全省 100 家单位累计 928.36 亿条数据归集;通过接口或库表形式归集 14 个社会单位数据,主要涉及人流、物流、车辆信息、免税信息以及企业和家庭的水电气信息。

为了破解"没有最终提供服务,关联对象不会提前授权;没有关联对象授权,信息处理者无法开发数据产品"的难题,海南省提出基于电子政务外网建立安全可信域,以此扩大安全域的破题思路,采取将数据产品开发商请进来的方式,在公共数据的安全域内—依托电子政务外网、政务云、政务中台等基础能力—对高价值密度数据进行产品化,再以数据产品形式对外提供服务。

(2) 流得动——创新打造海南省数据产品超市。

2021 年 12 月,为创新公共数据资源开发利用与授权运营模式,推动产业数据融合利用,海南省大数据管理局通过招标模式选定中国电信合作建设授权运营平台——海南省数据产品超市。以"政府+企业"双轮驱动,确保公共数据安全、合规、高效开发利用,以公共数据为牵引、促进海量社会数据开放流动,充分释放数据价值,赋能经济社会高质量发展。数据产品超市基于海南省已建成的"七个一"大数据能力支撑底座,实行"前店后厂"的生产与服务模式,利用"数据产品化"实现公共数据、社会数据的共享流动、融合利用,打造数据要素市场培育新模式。

数据产品依托数据产品超市的安全可信环境,复用政务信息化能力底座(包括数据资源和安全能力),构建起"大中台、微服务"架构,实现数据产品的快速生产开发、实时组装和安全使用。数据依托"大中台"对外提供"微服务",可以保障实时连接通道各端,从而使得数据产品实时在线,随时可以在授权下瞬间组装成型,提供服务。在具体场景中,关联对象对涉私数据在线实时授权(关联对象行使数据决定权并作为服务对象获得使用便利),数据产品开发者获得关联对象的权益让渡—成千上万的服务对象每次使用时各自授权让渡其数据关联对象的权益—从而实现对数据产品的完整权益拥有,同时实现数据产品的服务。

为解决数据共享和开放过程中开放条件模糊、审核流程烦琐、审核效率不高等问题,海南省通过对数据共享、开放的条件进行结构化分解,采用一揽子审核、自动化审核的流程和方式,无须通过"一数一审"的形式审核,即可实现全流程无人工干预自动审核的数据共享、开放审核模式,即"秒审"。"秒审"机制已应用在全省62个省政府部门,覆盖218个系统,已申请共享并审核通过171条秒审数据目录,审核时间从原来2个工作日缩短至秒级,大大减少审批时间,提高共享效率,进一步增强共享的便捷体验。

(3)用得好——出台数据产品所有权确权细则推动数据资产化、资本化管理。

2023年12月,海南省发布《海南省数据产品超市数据产品确权实施细则》(以下简称《细则》),作为全国首部数据产品所有权确权登记实施细则,该细则有三个特点:①在全国首创性提出对"数据产品所有权"进行确权和登记。《细则》引导数据产品在权属确认、流转备案等方面先行先试,探索数据资产化、资本化管理,激活数据要素潜能。②创新性提出技术性审查+合规性审查相结合的两级审查模式。《细则》要求按照"授权监管、便企高效、两级审查"的原则,引入第三方确权登记服务机构,秉持客观公正原则对申请对象的履约能力、数据来源的合法性等多方面进行实质性评估。③创新提出数据产品登记确权应当遵循"依法合规、自愿有偿、安全高效、促进流通、公开透明、诚实信用"的原则。《细则》提出,企业可依据自身需求向海南省数据产品超市申请对自身的数据产品进行确权登记。

2024年1月,海南省发布《数据资产评估场景化案例手册(第一期)》,作为基于真实数据要素典型应用场景进行数据资产评估操作的指导性手册,选取了电力、旅游、海关、国际贸易、气象、制造六个数据要素典型应用场景,从行业现状概况、案例详情、评估目的、行业应用场景、评估价值类型、评估方法等几个方面提供了数据资产场景化评估的具体操作指引。为解决不同应用场景下的数据资产无法适用统一评估标准、不同类型数据资产评估方法如何进行路径选择等行业内常见问题提供了有效的解决思路和全面的解决方案，为数据资产入表、数据产品交易定价等提供价值参考依据。海南省未来将持续分期、分行业推出系列合集，并适时联合相关单位编制细分行业领域的数据资产价值评估标准，进一步探索在重点业务场景构建数据资产价值评估标准库、规则库、指标库、模型库和案例库，提高数据资产评估总体业务水平。

海南省以数据产品超市为核心的数据基础设施已初具规模，并已经在部分垂直行业、部分省市推广，具备跨区域、跨行业试点基础，为推动数据产品超市模式实现跨省、跨域、跨境互联互通打下了坚实基础。

4.2.3　济南模式

济南市构建以政务大数据共享开放和公共数据授权运营为核心的内外双循环体系，贯通数据共享与开发利用体系，理顺流程，全面提效。基于公共数据资产授权运营"新平台"，将授权嵌入数据流转链路，保障公共数据资产安全合规开发利用与可信流通。持续细分深挖丰富应用场景，以优化公共服务为主线，落地多个应用场景，多方位赋能公共服务能力提升。

1. 授权方式

济南市公共数据资产授权运营采取综合授权、分领域授权的方式，并逐步探索分类分级授权等其他授权方式。济南市大数据局负责组织建设公共数据资产授权运营平台与授权运营协议的签署，浪潮云信息技术股份公司负责承接建设可信数据空间，为场景应用提供技术服务。公共数据资产运营单位提出需求申请，经审批后按照相关规定签署协议并获取公共数据资产。运营单位申请公共数据资产按照应用场景一事一申请，并在可信空间架构内进行数据加工处理，保证原始公共数据不出平台。公共数据授权运营实行"谁授权谁监管、谁运营谁负责"安全责任制。授权单位和运营单位是公共数据资产安全的第一责任人。

2. 运营模式

在济南市大数据局的指导下，浪潮云信息技术股份公司搭建可信数据空间，上线公共数据资产授权运营管理平台、隐私计算平台、数据沙箱、区块链平台等多个技术平台，并分别在政务外网区和互联网区部署了十余个中心节点和计算节点，保障公共数据资产的合规授权与安全可信流通。数据需求方根据自身业务需求，向授权运营平台发起数据申请和数据产品申请，经审批后进行备案。所需的公共数据可来自一体化大数据平台或各地方政府控制使用的数据平台，通过连接器，以接入隐私计算节点的方式进入可信数据空间。数据需求方在可信环境下接入隐私计算节点，根据具体场景需求，将采用联邦建模、隐私求交等方式实现数据在不出域的情况下的开发和利用，最终形成数据产品或数据服务。

在数据资产授权运营上坚持构建"市场主导、政府引导、多方共建"的数据资产治理模式，逐步建立并完善数据资产管理制度，不断拓展应用场景，不断提升和丰富数据资产经济价值和社会价值，推进数据资产全过程管理以及管理过程的合规化、标准化、增值化。通过加强和规范公共数据资产基础管理工作，探索公共数据资产应用机制，促进公共数据资产高质量供给，有效释放公共数据价值，为赋能实体经济数字化转型升级，推进数字经济高质量发展，加快推进共同富裕提供有力支撑。济南市在构建数据资产管理体系中也有着多项举措，具体举措如下：

一是依法合规管理数据资产。保护各类主体在依法收集、生成、存储、管理数据资产过程中的相关权益。鼓励各级党政机关、企事业单位等经过依法授权具有公共事务管理和公共服务职能的组织，将其依法履职或提供公共服务过程中持有或控制的，预期能够产生管理服务潜力或带来经济利益流入的公共数据资源，作为公共数据资产纳入资产管理范畴。涉及处理国家安全、商业秘密和个人隐私的，应当依照法律、行政法规规定的权限、程序进行，不得超出履行法定职责所必需的范围和限度。相关部门结合国家有关数据目录工作要求，按照资产管理相关要求，组织梳理统计本系统、本行业符合数据资产范围和确认要求的公共数据资源，形成资产目录清单，登记数据资产卡片，暂不具备确认登记条件的可先纳入资产备查簿。

二是明晰数据资产权责关系。适应数据多种属性和经济社会发展要求，与数据分类分级、确权授权使用要求相衔接，落实数据资源持有权、数据加工使用权和数据产品经营权权利分置要求，加快构建分类科学的数据资产产权体系。明晰公共数据资产权责边界，促进公共数据资产流通应用安全可追溯。探索开展公共数据资产权益在特定领域和经营主体范围内入股、质押等，助力公共数据资产多元化价值流通。

三是完善数据资产相关标准。推动技术、安全、质量、分类、价值评估、管理运营等数据资产相关标准建设。鼓励行业根据发展需要，自行或联合制定企业数据资产标准。支持企业、研究机构、高等学校、相关行业组织等参与数据资产标准制定。公共管理和服务机构应配套建立公共数据资产卡片，明确公共数据资产基本信息、权利信息、使用信息、管理信息等。在对外授予数据资产加工使用权、数据产品经营权时，在本单位资产卡片中对授权进行登记标识，在不影响本单位继续持有或控制数据资产的前提下，可不减少或不核销本单位数据资产。

四是加强数据资产使用管理。鼓励数据资产持有主体提升数据资产数字化管理能力，结合数据采集加工周期和安全等级等实际情况及要求，对所持有或控制的数据资产定期更新维护。数据资产各权利主体建立健全全流程数据安全管理机制，提升安全保护能力。支持各类主体依法依规行使数据资产相关权利，促进数据资产价值复用和市场化流通。结合数据资产流通范围、流通模式、供求关系、应用场景、潜在风险等，不断完善数据资产全流程合规管理。在保障安全、可追溯的前提下，推动依法依规对公共数据资产进行开发利用。支持公共管理和服务机构为提升履职能力和公共服务水平，强化公共数据资产授权运营和使用管理。公共管理和服务机构要按照有关规定对授权运营的公共数据资产使用情况等重要信息进行更新维护。

五是稳妥推动数据资产开发利用。完善数据资产开发利用规则，推进形成权责清晰、过程透明、风险可控的数据资产开发利用机制。严格按照"原始数据不出域、数据可用不可见"要求和资产管理制度规定，公共管理和服务机构可授权运营主体对其持有或控制的公共数据资产进行运营。授权前要充分评估授权运营可能带来的安全风险，明确安全责任。运营主体应建立公共数据资产安全可信的运营环境，在授权范围内推动可开发利用的公共数据资产向国家级或区域大数据平台和交易平台汇聚。支持运营主体对各类数据资产进行融合加工。探索建立公共数据资产政府指导定价机制或评估、拍卖竞价等市场价格发现机制。鼓励在金融、交通、医疗、能源、工业、电信等数据富集行业探索开展多种形式的数据资产开发利用模式。

六是健全数据资产价值评估体系。推进数据资产评估标准和制度建设，规范数据资产价值评估。加强数据资产评估能力建设，培养跨专业、跨领域数据资产评估人才。全面识别数据资产价值影响因素，提高数据资产评估总体业务水平。推动数据资产价值评估业务信息化建设，利用数字技术或手段对数据资产价值进行预测和分析，构建数据资产价值评估标准库、规则库、指标库、模型库和案例库等，支撑标准化、规范化和便利化业务开展。开展公共数据资产价值评估时，要按照资产评估机构选聘有关要求，强化公平、公正、公开和诚实信用，有效维护公共数据资产权利主体权益。

七是畅通数据资产收益分配机制。完善数据资产收益分配与再分配机制。

按照"谁投入、谁贡献、谁受益"原则，依法依规维护各相关主体数据资产权益。支持合法合规对数据资产价值进行再次开发，尊重数据资产价值再创造、再分配，支持数据资产使用过程中的各个环节的投入有相应回报。探索建立公共数据资产治理投入和收益分配机制，通过公共数据资产运营公司对公共数据资产进行专业化运营，推动公共数据资产开发利用和价值实现。探索公共数据资产收益按授权许可约定向提供方等进行比例分成，保障公共数据资产提供方享有收益的权利。在推进有条件有偿使用过程中，不得影响用于公共治理、公益事业的公共数据有条件无偿使用，相关方要依法依规采取合理措施获取收益，避免向社会公众转嫁不合理成本。公共数据资产各权利主体依法纳税并按国家规定上缴相关收益，由国家财政依法依规纳入预算管理。

八是强化数据资产过程监测。数据资产各权利主体均应落实数据资产安全管理责任，按照分类分级原则，在网络安全等级保护制度的基础上，落实数据安全保护制度，把安全贯彻数据资产开发、流通、使用全过程，提升数据资产安全保障能力。权利主体因合并、分立、收购等方式发生变更，新的权利主体应继续落实数据资产管理责任。数据资产各权利主体应当记录数据资产的合法来源，确保来源清晰可追溯。开放共享数据资产的公共数据资产权利主体，应当建立和完善安全管理和对外提供制度机制。鼓励开展区域性、行业性数据资产统计监测工作，提升对数据资产的宏观观测与管理能力。

九是加强数据资产应急管理。数据资产各权利主体应分类分级建立数据资产预警、应急和处置机制，深度分析相关领域数据资产风险环节，梳理典型应用场景，对数据资产泄露、损毁、丢失、篡改等进行与类别级别相适应的预警和应急管理，制定应急处置预案。出现风险事件，及时启动应急处置措施，最大程度避免或减少资产损失。支持开展数据资产技术、服务和管理体系认证。鼓励开展数据资产安全存储与计算相关技术研发与产品创新。跟踪监测公共数据资产时，要及时识别潜在风险事件，第一时间采取应急管理措施，有效消除或控制相关风险。

此外，还包括完善数据资产信息披露和报告、数据资产价值应用风险防范等方面的内容，以便及时披露数据资产的信息和风险，防范可能出现的不安全因素。

4.2.4 贵州模式

贵州省全力推动数字产业化和产业数字化，引领经济社会和各项事业快速发展，具体体现在：一是大数据电子信息产业快速发展；二是大数据推动农业向智能化转化；三是大数据推动工业转型升级，依托"千企改造""万企融合"等，推进贵州工业向智能化生产、个性化定制、网络化协同、服务化延伸转型；四是大数据推动企业全流程和全产业链智能化改造，通过培育工业互联网平台，打造工业互联网公共服务平台体系。

另外，贵州省在数据资产的应用化方面采取了多项措施，具体如下。

在推动大数据企业创新发展方面，培育新技术、新业态、新模式、新产业。瞄准世界科技前沿，狠抓产业和企业，加快构建自主可控的大数据产业链、价值链和生态链。一是加快培育市场主体；二是加快推动核心技术创新，坚持以大数据为突破口，大力推进核心技术创新。

在运用大数据提升政府治理能力，推进政府政务服务模式创新方面，一是搭建"云上贵州"系统平台，率先探索一体化数据中心建设；二是搭建数据共享交换平台；三是搭建政府数据开放平台，实现大数据与民生服务深度融合，推动社会治理、民生服务转型升级。

在夯实发展基础，增强大数据发展支撑保障能力方面，完善设施、搭建平台、创造环境，为大数据发展提供有力的发展支撑。一是完善信息基础设施；二是营造良好"实验田"环境；三是健全大数据发展保障机制，成立以省政府主要领导为组长、各地各部门一把手为成员的省大数据发展领导小组。

贵州省大数据战略行动向纵深推进的经验与启示：增强"四个意识"，主动融入国家发展战略；坚持创新驱动，探索欠发达地区后发赶超发展新模式；坚持以人民为中心的发展思想，让人民群众分享大数据发展红利；发挥优势抢占主动，构建大数据发展良好生态链。贵州省把发展大数据作为全省三大战略行动之一，率先在全国制定出台了《关于加快大数据产业发展应用若干政策的意见》《贵州省大数据产业发展应用规划纲要（2014—2020年）》《贵州省信息基础设施建设三年会战实施方案》《贵州省大数据发展应用促进条例》《中共贵州省委、贵州省人民政府关于推动数字经济加快发展的意见》等文件及大数据地方性法规，成立了全国首个正厅级直属事业单位大数据发展管理局。以"云上贵州"系统平台加速省内数据资源集聚，集中统筹布局一批绿色超大型数据中心，吸引国内外优、强、大数据企业落地进驻，推动大数据核心、关联、衍生等三大业态发展，推动大数据政用、民用、商用，构建良好的大数据发展生态链。实践证明，要发挥比较优势、抢抓发展机遇、建立良好发展生态链，才能够赢得发展主动权。

贵州省大数据发展管理局发布《贵州省数据流通交易促进条例（草案）》向全社会公开征求意见。文件内容包括数据交易场所建设和管理、数据授权使用、数据权益保护、收益分配、数据流通交易生态培育、安全保障、法律责任内容共43条，鼓励公共数据开发交易、个人信息流转利用，并提出要探索数据资产入表，将数据资产质押贷款纳入信贷风险补偿资金支持范畴。首提"数据要素型企业"探索数据资产入表，鼓励授权运营公共数据、个人信息授权使用"数据二十条"中多次提及的公共数据，明确指出要"探索用于产业发展、行业发展的公共数据有条件有偿使用"，并提出公共数据指导定价等创新举措。

4.2.5 江苏模式

在公共数据资产授权运营中，江苏省分别于2021年12月和2024年7月发布了《江苏省公共数据管理办法》和《江苏省公共数据授权运营暂行管理办法（征求意见稿）》，建立了以法律法规为基础的公共数据管理规范框架，确保所有活动都在法律允许的范围内进行。这种做法强调了对于数据安全的重视，确立了"原始数据不出域，数据可用不可见"的原则，建立了合规监测机制，落实了公共数据合规高效开发利用要求，确保了开发利用行为符合法律法规、政策和协议要求，保护了个人信息和商业秘密，维护了国家安全和公共利益。

在此基础上，对公共数据资产授权运营平台的建设，数据资产目录编制，数据资产产品发布、交易流通、定价收益、目录管理、运营报告等主要流程进行了规范。例如，在定价收益方面，江苏强调创新多元化收益分配机制，授权运营主体参考成本定价向开发主体收取费用，并在数据交易场所登记。此外，江苏模式明确采用"两级主体、分级授权"的模式，对运营主体和开发主体的职责进行了明确划分，并规定了运营主体选择开发主体的方式和授权期限，使得数据的供给、加工处理、开发利用和管理更加有序。运营主体负责建设和管理平台，而开发主体则专注于数据产品的开发。这样的分工有助于提升数据资产授权运营的效率和质量。

在监管方面，江苏省建立了动态的监管和评估体系，定期对运营主体和开发主体的活动进行合规性和安全性的评估，确保整个授权运营体系的透明和高效。同时，灵活的退出机制也为监管提供了必要的保障，一旦发现违规行为或安全隐患，可以迅速采取措施进行整改或取消授权。江苏省严格执行国家和省公共数据价格管理政策，数据产品由市场定价，充分发挥数据要素报酬递增、低成本复用等特点，创新成本分摊、利润分成、知识产权共享等多元化收益分配机制。

4.2.6 浙江模式

在公共数据资产授权运营中，浙江省出台了《浙江省公共数据开放与安全管理暂行办法》《浙江省公共数据开放工作指引》和《浙江省公共数据授权运营管理办法（试行）》等政策法规，明确了公共数据资产的分类、开放属性、审核流程、开放平台要求以及数据资产利用的责任和监管措施。依据《浙江省公共数据开放与安全管理暂行办法》，公共数据资产被分为禁止开放类、受限开放类和无条件开放类，确保数据开放的合理性和安全性。同时，建立了公共数据资产开放主体和利用主体的工作体系，明确了各自的职责和要求。

在公共数据资产授权运营方面，《浙江省公共数据授权运营管理办法（试行）》规定了授权运营单位的安全条件、授权方式、权利与行为规范，以及数据安全与监督管理等方面的内容，推动了公共数据资产的有序开发和利用。授权运营单位安全条件包括基本安全要求、技术安全要求和应用场景安全要求。申请单位需具备专业资质、知识人才积累、生产服务能力，并符合信用条件，同时还需满足数据安全管理和近 3 年内未发生网络安全或数据安全事件等要求。公共数据资产主管部门发布重点领域开展数据授权运营的通告，并明确条件。授权运营期限一般不超过 3 年，届满后需重新申请。授权运营单位在数据资产加工处理或提供服务过程中，应保护数据资产安全，不得泄露或不当利用公共数据资产。同时，应定期报告运营情况并接受监督检查。公共数据资产授权运营应统筹发展和安全，加强全生命周期的安全和合法利用管理。授权运营单位的主要负责人是数据资产安全的第一责任人。

此外，浙江省还致力于统筹建设一体化智能化公共数据平台，实现省域内公共数据资产的跨层级、跨地域、跨系统、跨部门、跨业务的有效流通和共享利用。

综上所述，通过这几种模式的比较，可以发现公共数据资产授权运营需要重点解决的是数据"供得出、流得动、用得好"的问题，具体有以下几点值得关注。

一是公共数据资产"供得出"的前提是数据资产权利和利益相匹配。"数据二十条"虽然淡化了数据所有权概念，建立了数据资源持有权、数据加工使用权、数据产品经营权等分置的产权制度，但公共数据资产具有价值属性、人身属性、公共属性和主权属性，数据资产安全关系到个人权益、组织权益、公共利益和国家安全，需要从数据来源者角度来分析数据权益。对数据资产分类、权利保护以及决定开发运营等行为，由数据供给者行使其决定权，处理好其利益关系。

二是公共数据资产"流得动"的关键在于数据平台化。公共数据资产类型多种多样，重要程度也各有不同，这就需要对数据资产进行多维度的分类分级，让数据资产授权运营者能够获取相应的数据处理权限，并在权利范围内行使数据产品的经营权，从而获得相应的收益。政府通过平台来建立一个有公信力的交易场所，开放式、市场化引进各类数据处理者，实现数据产品的即时集成，保障数据产品的"稳定性"，进而保障数据产品可确权、可经营、可交易、可资产化、可入表。

三是公共数据资产"用得好"的基础是实现数据资产价值化。数据资产的资产价值化可分为三个阶段：首先是数据产品化确权，数据经营者按照使用场景将公共数据集成开发为数据产品，并在数据产品中嵌入数据授权通道，实现在线实时授权数据使用并让渡权利，使相关来源数据能够实时瞬间集成到数据产品中，从而提供服务并实现数据的使用价值；其次是数据产品实现价值化。数据产品的即时集成意味着针对具体应用场景，其开发生产、服务提供、安全使用、流通交易在同一安全可信域中进行，开发形成的数据产品具备可控制、可计量、可收益的资产价值特征；最后是数据产品价值分配合理化。数据产品涉及若干来源数据，这些来源数据结合应用场景被嵌入到数据产品中实现数据价值，此时数据产品的价值可以分解出部分价值作为来源数据的价值，并在数据产品合约中对其进行约定，实现数据价值的合理分配。

第 5 章

公共数据资产授权运营评价

5.1 公共数据资产授权运营评价的概念

5.1.1 公共数据资产授权运营评价的含义

公共数据资产授权运营评价主要是指对公共数据资产在授权运营过程中的表现、效果和价值进行的系统评价，以揭示其授权运营过程中的优势、劣势以及潜在价值。通过对公共数据资产的规模、质量、使用情况、安全性等多个维度进行综合评价，可以帮助政府、企业和社会公众更好地了解数据资产的现状，为数据资产的优化配置、高效利用和价值创造提供决策依据和参考。

《贵州省公共数据授权运营管理办法（试行）》中指出，公共数据资产授权运营评价是各级数据主管部门对授权运营主体开展公共数据资产授权运营绩效评估并出具评估结论的过程。授权运营主体应配合做好评估工作，如实提供有关资料，不得拒绝、隐匿、瞒报。评估结果不合格的，取消授权运营主体资格。各级政府部门定期对开发利用主体开展数据资产应用绩效评价。开发利用主体应配合做好评价工作，如实提供有关资料，不得拒绝、藏匿、瞒报。评估结果不合格的，取消开发利用主体资格。

公共数据资产通常指的是由政府或公共机构拥有、管理并用于公共服务的数据资源，这些数据资源具有巨大的潜在价值，通过有效的授权运营和管理，可以转化为实际的社会和经济效益。公共数据资产授权运营评价的核心在于目标评价。通过目标评价，可以客观地衡量公共数据资产授权运营效果，这种评价不仅关注授权运营的结果，也强调授权运营过程中的效率、合规性以及持续改进的能力。同时，在处理和利用公共数据资产时，应遵循相关法律法规和隐私保护原则，确保数据的安全性和合规性，并对公共数据资产的授权运营效率、效果和满意度等方面进行综合评价。评价公共数据资产在授权运营过程中的利用情况、管理水平和数据安全保护能力，可以提高公共数据资产的使用效益和公共价值，推动数据资源的开放共享和有效利用。

因此，公共数据资产授权运营评价具有重要的现实意义和深远影响，是推动数据产业发展、促进产业数字化转型的关键环节之一。评价工作通过深入分析数据资产的授权运营状况，发现数据资产在授权运营过程中的瓶颈和问题，提出针对性的改进建议和优化措施。这些建议和措施旨在提升数据资产的质量、增强数据资产的可用性、提高数据资产的利用效率，从而推动数据资产在各个领域的应用和创新。通过评价工作的深入开展，可以更好地把握数据资产的发展态势和潜在价值，为数据产业的繁荣发展提供有力保障。在实际操作中，应深入理解评价的含义和目的，遵循科学的评价方法和流程，确保评价结果客观、准确、全面，为数据资产的高效利用和可持续发展提供有力支持。公共数据资产授权运营评价的意义不仅在于揭示数据资产的现状，更在于推动数据资产的高效利用和价值最大化。公共数据资产授权运营评价涵盖了以下九个方面。

一是效果评价。评价公共数据资产在促进政府信息公开、提升公共服务水平、推动经济社会发展等方面的实际效果。这包括对数据资产使用的满意度、覆盖面的广泛性、对决策支持的精准性等方面的考察。

二是价值衡量。对公共数据资产的经济价值、社会价值等进行量化和分析，揭示其潜在的价值和实际贡献。这有助于发现数据资产新的应用场景，进一步挖掘其潜在价值。

三是运营效能。评价在公共数据资产授权运营过程中，各项工作的效率和效能。这包括对数据采集、处理、存储、共享和使用等环节的评价，发现授权运营中的问题和不足，提出改进措施。

四是风险管理。对公共数据资产在授权运营过程中可能面临的风险进行评价和管理，确保数据的安全、合规和可控。这包括对数据泄露、滥用、非法获取等风险的识别和防范。

五是持续改进。基于评价结果，对公共数据资产的运营策略、管理制度和技术手段进行持续优化和改进，提升数据资产的质量、效率和价值。

六是政策响应与影响评价。公共数据资产授权运营评价还需要关注相关政策和产生的影响。评价应考察公共数据资产授权运营如何响应国家和地方政府的政策导向，以及这些政策对数据资产授权运营的具体影响。这有助于评价政策效果，为政策的制定和调整提供依据。

七是技术创新与应用。随着技术的不断进步，新的数据处理、分析和应用技术不断涌现。公共数据资产授权运营评价需要关注这些技术创新在公共数据资产授权运营中的应用情况，评估其对提升数据质量、效率和价值的作用。同时，评价还可以发现技术创新带来的新问题和挑战，为技术研发和应用提供方向。

八是合作与共享机制。公共数据资产的有效授权运营往往涉及多个部门、机构或企业的合作与共享。评价应关注这些合作与共享机制的运行情况，包括合作模式的创新、数据共享的效率和效果等。通过评价可以发现合作与共享中的问题，提出改进措施，推动形成更加高效、开放和协同的数据资产授权运营体系。

九是用户参与和反馈。公共数据资产的主要价值在于为公众提供产品和服务，因此，用户参与和反馈是评价中不可或缺的一部分。评价应关注用户对公共数据资产的使用情况、满意度和建议，了解用户的需求和期望，为优化数据资产授权运营提供依据。

综上所述，公共数据资产授权运营评价是一个持续、深入的过程，需要关注多个方面并综合考虑各种因素。通过不断完善评价体系、提高评价水平，可以推动公共数据资产授权运营的不断优化和发展，为经济社会发展和政府治理水平的提升提供有力支持。

在公共数据资产授权运营评价中，我们需要特别关注以下四个方面。

一是评价体系的科学性和系统性。评价体系应基于数据资产授权运营的特点和需求，构建涵盖数据采集、存储、处理、分析、应用等各个环节的评价指标，确保评价结果的准确性和客观性。同时，评价体系还应注重系统性，从多个维度、多个层面对授权运营过程进行综合评估，避免单一指标评价的片面性。

二是评价方法的多样性和灵活性。公共数据资产授权运营评价应采用多种评价方法相结合的方式，如定性评价和定量评价相结合、主观评价和客观评价相结合等。这样可以更全面地反映数据资产授权运营的实际情况，提高评价的准确性和可靠性。同时，评价方法还应根据具体情况灵活调整，以适应不同数据资产、不同运营场景的需求。

三是评价结果的可视化和可操作性。公共数据资产授权运营评价结果应以直观、易懂的方式呈现，方便决策者快速了解数据资产授权运营的现状和问题。同时，评价结果还应具有可操作性，能够提出具体的改进建议和措施，为优化数据资产管理提供指导。

四是评价过程的持续性和动态性。公共数据资产授权运营评价不是一次性的活动，而是一个持续、动态的过程。随着数据资产数量的不断增长、技术的不断进步以及政策环境的不断变化，评价工作也需要不断调整和完善。因此，建立定期评价和动态监测相结合的机制，对于及时发现问题、调整策略、促进数据资产授权运营的优化升级具有重要意义。

5.1.2　公共数据资产授权运营评价要求

在深入探索公共数据资产授权运营评价时，我们需要关注以下几个核心要点。

首先，公共数据资产授权运营评价强调数据的完整性和一致性。数据资产的完整性涉及数据的全面收集、无遗漏存储，而一致性则要求数据在不同系统、不同部门间保持统一的标准和格式。这样的评价有助于确保数据资产在授权运营过程中能够保持其原始价值和准确性，为决策提供可靠的依据。

其次，公共数据资产授权运营评价注重数据的可用性和易用性。数据的可用性关注数据资产能否被有效地应用于各种场景，而易用性则强调数据资产的使用门槛是否足够低，能否被广大用户便捷地获取和使用。通过评价数据的可用性和易用性，可以更好地了解数据资产在实际应用中的表现，从而优化数据资产的管理和服务。

再次，公共数据资产授权运营评价还关注数据的创新应用和价值挖掘。随着技术的不断进步和应用的不断深化，数据资产的价值也在不断被挖掘和释放。评价过程中需要关注数据资产在创新应用方面的表现，如是否支持新的业务模式、是否推动政策制定和决策的科学化等。同时，还需要评估数据资产在价值挖掘方面的潜力，如是否能够通过数据分析发现新的价值点、是否能够为经济社会发展提供新的动力等。

最后，公共数据资产授权运营评价需要关注数据的安全性和隐私保护。随着数据泄露、滥用等风险的不断增加，确保数据资产的安全性和隐私保护显得尤为重要。评价过程中需要评估数据资产在存储、传输、处理和使用等各个环节的安全保障措施是否到位，以及隐私保护政策是否得到有效执行。

5.1.3 公共数据资产授权运营评价的关注点

在深化公共数据资产授权运营评价的过程中，我们还应关注公共数据资产授权运营评价与其他方面的协调性，具体体现在以下六个方面。

第一，关注数据资产授权运营评价与政府决策是否深度融合。为了充分发挥公共数据资产授权运营评价在推动政策制定和监管方面的作用，具体措施有三个方面：一是提升评价结果的权威性和影响力。通过制定严格的评价标准和程序，确保评价结果的客观性和公正性，使评价结果具有更强的说服力；同时，加强评价结果的宣传和推广，使更多的人了解并认可评价工作的价值，提高评价结果的影响力。二是加强评价工作中政策制定部门和监管部门的沟通与合作。建立定期沟通机制，及时向政策制定部门和监管部门反馈评价结果和建议，促进政策制定和监管工作的优化和改进；同时，邀请政策制定部门和监管部门参与评价工作，共同研究制定评价标准和方法，提高评价工作的针对性和实用性。三是推动评价结果的应用和落地。将评价结果作为政策制定部门和监管的重要依据，推动相关部门根据评价结果调整和优化政策措施，加强对公共数据资产授权运营的监管；鼓励企业和社会组织积极应用评价结果，改进自身的数据资产管理和授权运营水平。政府作为公共数据资产的主要管理者和授权运营者，其决策对数据资产的授权运营效果具有重要影响。因此，可以将数据资产授权运营评价的结果作为政府决策的重要依据，通过评价数据的分析和挖掘，为政府提供科学、合理的决策支持，发挥数据资产在促进经济社会发展中的积极作用。

第二，关注数据资产授权运营评价在产业创新中的应用。数据资产作为数字经济时代的核心资源，对于推动产业创新具有重要意义。可以将评价结果与产业发展需求相结合，通过对数据资产的精准匹配和高效利用，促进产业的转型升级和创新发展。同时，鼓励企业积极参与数据资产授权运营评价，将评价结果作为提升自身竞争力的有力手段，推动企业在数字化转型中取得更大突破。

第三，关注数据资产授权运营评价在智慧城市建设中的应用。智慧城市是数字化转型的重要方向，数据资产作为智慧城市建设的基石，其授权运营评价对于提升城市治理水平、优化公共服务具有至关重要的作用。可以结合智慧城市的实际需求，将评价工作与城市管理、交通、环保等各个领域相结合，通过数据的深度挖掘和应用，推动智慧城市的可持续发展。

第四，关注数据资产授权运营评价在数据要素市场建设中的作用。随着数据要素市场的不断发展，数据资产的授权运营评价成为推动市场健康发展的重要手段。可以通过评价工作，揭示数据要素市场的运行规律和潜在问题，为政府制定政策、企业制定发展战略提供有力支撑。同时，推动数据交易规则的完善和数据交易平台的优化，促进数据资产的流通和价值的最大化。

第五，关注数据资产授权运营评价在公共服务领域的拓展。公共数据资产在提升公共服务水平、优化民生福祉等方面具有巨大潜力。可以将评价工作与公共服务需求相结合，通过数据资产的开放共享和智能化应用，推动公共服务模式的创新，提升服务效率和质量，让公众更好地享受数字化红利。

第六，关注数据资产授权运营评价的国际合作与交流。公共数据资产授权运营评价是一个全球性的议题，各国都在积极探索和实践。可以通过加强与其他国家和地区的交流与合作，共同分享经验、探讨问题、推动创新，共同推动全球数据资产授权运营评价的发展，为构建开放、合作、共赢的数字经济环境贡献力量。

综上所述，公共数据资产授权运营评价有助于促进数据资产价值化，推动经济社会发展。通过构建数字化、智能化的数据资产授权运营平台，我们可以实现公共数据资产价值的最大化，并为经济的持续高质量发展奠定坚实基础。

5.1.4 公共数据资产授权运营评价操作步骤

在公共数据资产授权运营评价时,通常需要遵循以下五个步骤,这样可以科学合理地开展公共数据资产授权运营评价工作。

(1)明确评价目标与指标体系。

首先,需要明确评价的具体目标,如提升数据管理效率、优化数据应用效果、推动数据创新等。然后,根据评价目标和范围,建立一套科学合理的评价指标体系。评价指标应能够全面反映公共数据资产的授权运营状况、价值贡献和潜在风险等方面。最后,建立的指标应具有可度量性、可操作性和可比较性,以便于后续的数据收集和分析,确保评价结果的全面性和客观性。

(2)收集与分析数据。

评价过程中需要收集公共数据资产授权运营的相关数据,包括数据资产的规模、种类、使用情况等。同时,通过数据分析,可以了解数据资产的授权运营现状、问题及潜力,为评价提供有力支撑。

(3)开展评价工作。

根据评价指标体系,运用合适的评价方法和工具,对公共数据资产的授权运营情况进行评价。这包括对比分析、综合评价、专家评审等多种方式,确保评价结果的准确性和可靠性。

(4)形成评价报告和建议。

评价工作完成后,需要编写评价报告,对运营评价结果进行总结和分析,并向相关部门和企业提供具体的改进建议。报告中应包括授权运营评价的目标、指标体系、数据收集与分析过程、评价结果及建议等内容,以便于相关部门和企业了解公共数据资产授权运营的现状和问题,为决策者提供清晰的参考依据。同时,还应根据评价结果提出针对性的改进建议,为公共数据资产的优化配置和高效利用提供指导。

(5)反馈与改进。

将评价报告反馈给相关部门和人员,并收集他们的意见和建议。根据反馈结果,对授权运营评价工作进行反思和总结,发现不足之处并进行改进,以提高评价工作的质量和效果。

通过以上步骤的实施,可以全面系统地评价公共数据资产的授权运营状况,为政府决策、企业运营和社会治理提供有力支持。同时,评价工作也可以推动公共数据资产授权运营管理的不断完善和创新，促进数据资源的共享和开放，推动数据产业的健康发展。除了上述提到的公共数据资产授权运营评价的五个主要步骤外，为确保评价工作的顺利进行和结果的可靠性，还需要关注以下几个方面。

（1）评价工作应始终贯彻独立客观公正和透明原则。

评价工作的公正性和透明度对于确保评价结果的客观性和可信度至关重要，独立客观公正是评价工作需要遵循的基本原则，在评价过程中，应坚持独立、客观、公正的原则，避免受到外界的干扰，不能主观臆断，不发表带有偏见的意见，实事求是的发表自己的专业意见。同时，建立公开透明的评价制度，及时公布评价标准和结果，接受社会监督，增强评价工作的公信力和认可度。

（2）评价过程中需要加强与各方的沟通与协作。

公共数据资产授权运营评价涉及多个部门和机构，需要各方共同参与和协作，在授权运营评价过程中，应加强与相关部门的沟通，明确各自的职责和分工，确保评价工作顺利进行。同时，各单位和部门之间应建立有效的协作机制，促进信息共享和资源整合，提高评价工作的效率和质量。

（3）评价事项需要持续跟踪与动态调整。

公共数据资产授权运营是一个持续发展的过程，评价工作也应随之进行动态调整和优化，对评价结果需要进行持续跟踪和监测，及时发现新的问题和挑战，并根据实际情况对评价指标和方法进行适时调整，确保评价工作的时效性和准确性。

（4）评价结果需要有效的应用与推广。

评价工作的最终目的是更好地应用和推广评价结果，推动公共数据资产的高效利用和优化配置。我们应加强对评价结果的宣传和推广，让更多的人了解评价工作的意义和价值。同时，推动相关部门和企业积极应用评价结果，改进数据资产管理和授权运营方式，提升数据资产的价值和效益。

（5）评价事后需要建立长效的反馈机制。

为了确保公共数据资产授权运营评价工作的持续性和有效性，需要建立长效的授权运营反馈机制，这样能够确保评价结果的及时传达和有效应用，进而促进评价工作的持续改进和优化。

需要注意的是，公共数据资产授权运营评价是一个复杂而系统的工程，其不仅关乎评价机构和评价人员，还需要政府、企业、社会公众等多个相关方共同参与和推动，因此应加强与相关方的沟通和协作，充分听取他们的意见和建议，确保评价工作能够得到各方的支持和认可。同时，随着数据技术的不断发展和相关应用领域的不断拓展，评价方法和评价指标体系也需要不断更新和完善。提高评价工作的效率和准确性，有助于适应新的形势和需求，并更好地发挥授权运营评价工作在数据资产管理和利用中的重要作用。

5.1.5 公共数据资产授权运营评价意义

公共数据资产授权运营评价不仅是提升数据资产使用效率和管理水平的关键手段，更是推动数据产业健康发展和提升社会治理能力的重要途径。

一是公共数据资产授权运营评价有助于明确数据资产的价值和潜力。通过对公共数据资产进行全面、系统的评价，可以更加清晰地了解数据资产的数量、质量、分布和应用情况，进而挖掘数据资产的潜在价值，为数据资产的合理利用和开发提供决策依据。

二是公共数据资产授权运营评价有助于优化数据资源配置。评价工作可以揭示数据资源在不同部门、领域和地区之间的分布和利用情况，从而为数据资源的优化配置提供指导。通过合理配置数据资源，可以促进数据共享和开放，避免数据资源的浪费和重复建设，提高数据资源的整体利用效率。

三是公共数据资产授权运营评价有助于提升数据资产管理水平。评价工作可以发现数据资产管理过程中存在的问题和不足，如数据安全隐患、数据质量问题等，进而推动相关部门加强数据资产管理，完善数据管理制度和规范，提升数据资产管理的专业化和规范化水平。

四是公共数据资产授权运营评价有助于推动数据产业发展和提升社会治理能力。通过评价工作，可以了解数据产业的发展现状和未来趋势，为政府制定相关政策和规划提供依据。同时，评价结果还可以为社会治理提供数据支持，帮助政府和企业更好地了解社会运行状态和问题，提高社会治理的精准性和有效性。

五是公共数据资产授权运营评价工作有助于促进跨部门、跨领域的数据共享与协作。在信息化和数字化快速发展的今天，数据已经成为一种重要的资源，而不同部门和领域之间往往存在数据壁垒和信息孤岛。通过公共数据资产授权运营评价，可以揭示各部门和领域之间的数据共享和协作现状，为打破数据壁垒、信息孤岛、实现数据资源的有效整合和共享、推动数据互联互通提供有力支持。

六是公共数据资产授权运营评价有助于提升数据质量和数据可信度。在数据应用过程中，数据的质量和可信度直接影响到决策的有效性和准确性。

通过评价工作，可以全面检查数据的完整性、准确性、时效性和一致性等方面的问题，发现数据质量存在的不足，并提出改进建议。这有助于提升数据的整体质量，增强数据的可信度，为数据应用提供更加坚实的基础。

七是公共数据资产授权运营评价有助于促进数据创新和产业发展。随着大数据、人工智能等技术的快速发展，数据在各个领域的应用越来越广泛，数据产业也呈现出蓬勃发展的态势。通过评价工作，可以深入了解数据产业的发展现状和趋势，发现数据创新的机会和潜力，为数据产业的快速发展提供有力支持。同时，评价结果还可以为投资者和创业者提供有价值的参考信息，帮助他们更好地把握市场机遇和防范投资风险。

八是公共数据资产授权运营评价有助于推动数字经济发展和数字化转型。在数字经济时代，数据已经成为推动经济社会发展的重要引擎。通过评价公共数据资产的授权运营情况，可以深入了解数据资源的分布、利用情况和潜力，为数字经济的发展提供数据支持和决策依据。同时，评价结果还可以引导企业和社会各界更加重视数据资源的开发和利用，推动数字化转型的深入发展。

九是公共数据资产授权运营评价有助于提高公众对数据资产的认识和重视程度。通过评价结果的公布和传播，可以让更多的人了解公共数据资产的价值和意义，增强公众对数据资产保护和利用的意识。这有助于形成良好的数据文化和氛围，推动全社会共同关注和参与数据资产的开发和利用工作。

十是公共数据资产授权运营评价有助于提升国际竞争力。在全球化的背景下，各国都在积极抢占数据资源的制高点。通过公共数据资产授权运营评价，可以了解本国数据资产在全球范围内的竞争地位和发展潜力，为制定国际竞争策略、提升国际竞争力提供重要参考。同时，评价结果还可以吸引更多的国际投资者和合作伙伴，推动本国数据产业的国际化发展。

因此，开展公共数据资产授权运营评价工作具有非常重要的现实意义和战略价值。应该高度重视公共数据资产授权运营评价工作，加强组织领导、完善评价机制、提升评价能力，确保评价工作的科学性、准确性和有效性。

5.2 公共数据资产授权运营评价内容

数据资产授权运营以持续释放数据资产价值为目标，通过对公共数据资产的规模、质量、使用情况、安全性等多个维度进行综合评价，可以帮助政府、授权运营机构和社会公众更好地了解数据资产的现状，为数据资产的优化配置、高效利用和价值创造提供决策依据和参考。

5.2.1 评价目的

公共数据资产授权运营评价的目的是通过运用科学、合理的指标体系，规范系统的评价方法对公共数据资产授权运营整体进行绩效评价，强化公共数据资产管理责任，通过建立科学、合理的评价指标体系，提高公共数据资产授权运营效率和水平。

评价工作设定的目标是对公共数据资产授权运营的合规性、经济性、效率性、效益性和安全性进行客观、公正的测量、分析和评判。

5.2.2 评价原则

1. 科学性原则

科学性是评价模型构建的首要原则，应以科学的手段、科学的方法、科学的步骤进行评价，引用科学合理的评价指标来构建规范的模型，使构建的模型能够合理反映出评价结果。

2. 适用性原则

模型应以适用性为原则，根据授权运营评价的不同要求选取评价指标，即应根据实际情况对构建的授权运营评价模型和指标进行调整，使其具有更强的现实适用性。

3. 可操作性原则

可操作性是不可或缺的一项原则，公共数据资产授权运营评价指标体系的落脚点是对评价对象进行评价，指标的选择应分布广泛、便于收集，质量等级的划分应简洁明确、特征性强，保证在后续的调查和计算中对对象的评价具备更强的可操作性。

5.2.3 评价依据

公共数据资产授权运营评价依据主要有《网络安全法》《个人信息保护法》《数据安全法》《中共中央、国务院关于构建数据基础制度更好发挥数据要素作用的意见》《国务院关于加强数字政府建设的指导意见》等法律法规和相关规章制度。

涉及具体的评价对象的评价依据，还应将国务院及各部委，各省（自治区、直辖市），各市政府制定的有关公共数据资产的管理制度、相关评价办法和实施细则作为依据，并参考相关国家标准、行业标准、地方标准等来确定。

5.2.4 评价主要内容

公共数据资产授权运营评价具体内容主要涉及公共数据资产的授权运营目标、公共数据资产分类、公共数据资产价值实现、公共数据资产质量、公共数据资产安全、公共数据资产隐私、公共数据资产合规、公共数据资产处理、公共数据资产治理和公共数据资产风险等方面。这些内容的评价指标共同构成了数据资产评价的标准，旨在全面评估公共数据资产的价值和授权运营状况。

1. 公共数据资产的授权运营目标

公共数据资产的授权运营目标是需要实现的指标，既是政府开展公共数据资产管理、分析公共数据资产授权运营方面的总体要求，也是考查公共数据资产授权运营机构经营状况、经营绩效方面的要求，还可以是其他方面的要求，如社会效益、经济效益和群众满意度方面的要求。阐述评价背景可以进一步明确评价的目的，为分析评价依据等事项打下基础。

2. 公共数据资产的分类

公共数据资产的分类也是评价对象的分类，未经加工的原始数据，存在冗余、无序等方面的缺陷，导致其应用价值有限。而经过脱敏、分类、建模分析等数据加工处理后形成的标准、互通、可信的高质量数据，具备较高的应用价值。数据按照其发展阶段可分为原始数据、粗加工后数据、精加工后数据、初探应用场景的数据、实现商业化的数据等。一旦成为数据资产，可以有不同的划分方法，如数据资产按应用领域不同，可划分为交通数据资产、医疗数据资产、金融数据资产、科研数据资产、社交数据资产、产业数据资产等。按照保密程度可以分为公开数据资产和非公开数据资产。将数据资产按照业务领域、加工程度、重要性等不同情形进行分类，可以进一步评价其对象和范围，以确定评价的重点和标准。

3. 公共数据资产的价值实现

数据资产的价值体现在数据的应用过程中，它来自数据产品或者服务的收益，数据资产价值可以从数据的稀缺程度、数据覆盖范围的多样性，以及在该场景中的应用深度等方面进行评估。数据的稀缺程度是数据资产拥有者对数据独占程度的体现，可通过数据资产拥有者所拥有的有效数据量占该类型数据总量的比例来进行量化评估。数据资产覆盖范围的多样性可通过数据维度丰富度进行评估，数据维度越多，数据表的信息覆盖范围越广，数据应用价值的实现程度越高。数据资产在某个场景中的应用深度反映的是数据资产在应用时的可挖掘价值大小，可通过数据访问记录、接口调用频次等指标进行评估。如果数据访问记录或接口调用频次较低，说明数据使用者在数次使用后，因其应用价值有限或可挖掘价值较少，无须再进行使用，业务场景的应用深度低，数据价值实现程度低。如果数据访问记录或接口调用频次较高，说明数据需高频次使用或深度挖掘，业务场景的应用深度高，数据价值实现程度高。

4. 公共数据资产的质量

公共数据资产质量与数据的一致性、完整性、及时性、准确性、有效性和唯一性密切相关，可以通过这些方面对数据资产质量进行评价。一致性是指公共数据是否遵循了统一的规范，数据集合是否保持了统一的格式。完整性指的是公共数据信息是否存在缺失的状况，数据资产信息缺失的情况可能是整个数据记录缺失，也可能是数据中某个字段信息的缺失。不完整的数据资产所能借鉴的价值会大大降低，这也是数据质量中更为基础的一项评估标准。及时性是指数据资产从产生到可以查看的时间间隔，也叫数据的延时时长。及时性对于数据资产分析本身要求并不高，但如果数据分析周期加上数据建立的时间过长，就可能导致分析得出的结论失去了借鉴意义。准确性是指数据资产记录的信息是否存在异常或错误，和一致性不一样，存在准确性问题的数据不仅仅是规则上的不一致，还有一些更为常见的数据资产准确性错误，如乱码等。同时，异常的大或者小的数据也是不符合条件的数据。有效性是对于数据资产的值和格式（如某些电话、邮箱的格式）要符合数据定义或业务定义的要求。唯一性是针对某个数据资产或某组数据资产来说没有重复的数据值。

5. 公共数据资产的安全

公共数据安全评价指标是指评估数据资产的保密性、完整性、可用性和可追踪性，包括访问控制、加密、备份和恢复等措施的指标。《数据安全法》中第三条给出了数据安全的定义，数据安全是指通过采取必要措施，确保数据处于被有效保护和合法利用的状态，以及具备保障其处于持续安全状态的能力。

信息安全或数据资产安全有两个方面的含义：一是数据资产本身的安全，主要是指采用现代密码算法对数据资产进行主动保护，如数据保密、双向强身份认证等；二是数据资产防护的安全，主要是采用现代信息存储手段对数据进行主动防护，如通过磁盘阵列、数据备份等手段保证数据的安全。数据资产安全是一种主动的保护措施，数据资产本身的安全必须基于可靠的加密算法与安全体系。另外，还有数据资产处理的安全和数据资产存储的安全，数据资产处理的安全是指如何有效地防止出现数据在录入、处理、统计或打印中由于硬件故障、断电、死机、人为的误操作、程序缺陷、病毒或黑客等造成数据库损坏或数据丢失，或者某些敏感或保密的数据可能被不具备资格的人员或操作员阅读而造成的数据泄密等问题。而数据资产存储的安全是指数据资产在系统运行之外的安全。一旦数据资产被盗，即使没有原来的系统程序，照样可以另外编写程序对盗取的数据资产进行查看或修改。从这个角度说，不加密的数据资产是不安全的，容易造成商业泄密，所以便衍生出数据防泄密这一概念，这就涉及了计算机网络通信的保密、安全及软件保护等问题。

6. 公共数据资产的隐私

数字经济时代，网络上承载着个人身份信息、电话号码、银行卡号、住址、企业机密等各种信息，任何隐私信息泄露事件极可能导致企业名誉受损、收入及客户流失、受到合规处罚及审查，最终对企业安全和用户权益造成双重消极影响。保护用户隐私信息和敏感数据安全，避免其受到网络犯罪分子的恶意攻击已经成为现代政府数字治理和公共数据资产授权运营不可或缺的重要组成部分。公共数据资产隐私评估包括隐私风险评估和隐私影响评估。

隐私风险评估是一种隐私风险管理方法，用于确定并管理和维护个人身份信息的风险等级。企业可以通过进行隐私风险评估来制定相应的防护策略，以保证公共数据资产授权运营的合规性，降低隐私信息泄露的风险。隐私风险评估分为隐私影响评估和隐私数据保护影响评估。

隐私影响评估是分析现有隐私控制措施安全性的风险评估方法，通过监控公共数据资产授权运营流程、系统、应用程序和产品，对数据信息在收集、维护和传发的过程中的管理和保护风险等级进行判断。这种风险审计工作能够帮助公共数据资产管理部门快速消除隐私保护的安全盲区，通常会在新业务实施时同步运行。隐私影响评估的主要应用场景包括系统性描述隐私数据处理活动及其目的、分析隐私数据收集活动背后的法规支撑、评估相关数据收集活动对个人隐私保护带来的风险和建议企业为减轻这些风险而需要采取的措施四个部分。

隐私数据保护影响评估与隐私影响评估不同，它与《通用数据保护条例》的关联性更强。在《通用数据保护条例》第三十五条中，明确要求企业为高风险数据处理活动制定和实施隐私数据保护细则，该细则可帮助企业更好地遵守《通用数据保护条例》，避免因违反这一法规而产生严重的后果。隐私数据保护影响评估的主要应用场景包括对个人身份信息的分析及其他类型的评估、大规模处理个人信息和个人身份信息、以自动化方式进行的数据收集和处理以及大规模监控在公共区域的个人信息暴露行为四个部分。

隐私风险评估不仅是法律合规的要求，同时也是企业用户隐私权益保护的要求，更是企业数字化发展中数据安全建设的要求。隐私风险评估可以帮助企业在保护自身信息的同时保护客户信息，并以此为契机将自身打造成隐私保护机制完善的合规企业。

7. 公共数据资产的合规

公共数据资产的合规是启动数据资产应用的先决条件，要想让公共数据资产进行交流、买卖或是出境，就必须先完成数据的合规审查，否则可能触犯法律。在数据入表的政策背景下能看到数据入表的第一步也是数据合规，数据只有完成了合规，才能在财务报表上体现其价值，数据合规要求如图 5-1 所示，具体如下。

图 5-1 数据合规要求

一是主体合规。这一部分主要看数据资产运营主体是不是合法主体，是否具备相应的合规经营手续。只要是正常经营主体，就应具备相关备案和证书，比如电商需要有经营许可证、涉及区块链新兴技术的企业需要有相关区块链的备案等。

二是数据资产内容合规。目前数据资产内容合规审查尚未涉及特别规定，一般是以《数据安全法》和《个人信息保护法》规定的条款为依据，并根据授权内容和范围综合判断确定，大多数情况下是看数据资产内容本身是否涉及国家机密、是不是公共数据资产、是否有侵犯他人权益的内容，以及是否存在违法性的内容等。

三是数据资产来源合规。数据资产合规主要是指数据来源的合规，它是目前法律法规和各类规范重点关注的内容，如果数据来源明确，有据可查，那么合规性就有保障。目前数据主要有四个来源：其一，收集的公开数据，包括爬虫数据等；其二，自行生产的数据，也就是自行创造的数据；其三，协议获取的数据，比如买卖或者合作获取的数据；其四，收集的个人信息数据。这四个来源中，最敏感的是收集的公开数据和个人信息数据，因为公开数据中可能包含或者隐藏了个人信息数据。获得个人信息数据没有得到相关个人的同意，或者过度收集个人信息，就可能导致违法违规行为。所以一般而言，合规性是数据资产存在和其授权运营的前提和基础。

四是数据资产全生命周期合规。数据从收集、加工使用、传输以及到最后的删除的全生命周期中，都要符合相关的法律法规和技术规范，每一个环节都需要进行合规审查，特别是数据资产的加工处理和授权运营是否在授权范围内、是否在受侵权期限内，是否按照相关技术要求存储数据，是否按照要求在规定期限、按照规定的方式销毁数据等，这些因素也对数据授权运营的绩效评价至关重要。

8. 公共数据资产的处理

公共数据资产的处理是对数据的采集、存储、检索、加工、变换和传输。数据的处理贯穿于整个数据资产生命周期范围，涉及社会生产和社会生活的各个领域。数据资产处理技术的发展及其应用的广度和深度拓展，目的是从大量的、可能是杂乱无章的、难以理解的数据中抽取出有价值的数据，并对其进行筛选、清洗、脱敏、加工等处理，最后形成数据产品或者服务。这里的评价是看数据处理是否符合规定的流程，处理技术是否达到要求等。

一是处理软件。数据处理离不开软件的支持，数据处理软件包括用以书写处理程序的各种程序设计语言及其编译程序，管理数据的文件系统和数据库系统，各种数据处理方法的应用软件包以及为保证数据安全可靠而附带的数据安全保密技术等。

二是处理方式。根据处理设备的结构方式、工作方式，以及数据的时间空间分布方式的不同，数据处理有不同的方式，不同的处理方式要求不同的硬件和软件支持。数据处理主要有四种处理方式：①根据处理设备的结构方式区分，有联机处理方式和脱机处理方式；②根据数据处理时间的分配方式区分，有批处理方式、分时处理方式和实时处理方式；③根据数据处理空间的分布方式区分，有集中式处理方式和分布处理方式；④根据计算机中央处理器的工作方式区分，有单道作业处理方式、多道作业处理方式和交互式处理方式。

每种处理方式都有自己的特点，应当根据应用问题的实际环境选择合适的处理方式。数据处理中，涉及的计算通常比较简单，且数据处理业务中的加工计算因业务的不同而不同，需要根据业务的需要来编写应用程序加以解决。

9. 公共数据资产的治理

公共数据治理的评价通常包括数据的管理和监控，主要涉及数据资产的所有权、责任和权限，以及质量管理、安全管理、合规管理以及监督管理等。可以从以下五个方面进行评价。

一是公共数据资产管理制度。做到数据的统筹管理，明晰组织架构和体制机制，明确主管部门、职能部门、监管机构职责，分工合作与协调配合，形成"统筹领导+议事协调+决策咨询+主管部门+职能部门+运营平台"的联动格局。

二是公共数据资产目录和清单管理制度，明确不同类别公共数据的管理要求和监管规则，建立公共数据资产体系、安全保护体系、资产评估体系、标准化体系、质量管理体系及数据"反馈—核查—补正"等机制，形成公共数据分类分级、审查审计、风险评估、监测预警、应急演练等制度。围绕数据确权、共享开放、交易流通、开发利用、收益分配、安全保护、跨境流动等内容，建立统一完整的基础制度体系。

三是公共数据资产授权运营机制创新。根据公共数据资产所属类别、行业和领域的不同，推动建立场景化、多样化、规范化的数据开发利用机制和按价值贡献参与收益分配的机制。这包括明确数据开发所得收益在扣除授权运营主体合理收益后的支出对象和内容，确保公共数据开发产品及服务能够顺利进入数据要素市场，并开发相应的渠道、制定相应的机制以及相关的配套政策措施。

四是公共数据资产授权运营技术支撑程度。综合运用区块链、隐私计算、数据安全沙箱、多方安全计算等数字技术和解决方案，实现公共数据资产的多方融合开发与应用。做到技术、数据、业务协同，发展数据驱动的技术创新、应用创新和模式创新。建立"以网管网""以数管数"监管系统，实时动态监测公共数据共享、开放、流通、交易等平台，对公共数据资产活动进行常态化监管和统计监测、数据分析。建立公共数据资产用途和用量控制制度，并运用智能合约和计量计费追溯监管技术，实现数据使用"可控、可计量"和数据流动"可信、可追溯"。按照分类分级保护要求，采取身份认证、访问控制、数据加密、数据脱敏、数据溯源、数据备份、隐私计算等技术手段，构建覆盖公共数据全生命周期的数据安全风险防控体系。

五是营造公共数据资产应用生态。以应用场景为牵引，结合"互联网+政务服务"、全国一体化大数据中心协同创新体系、"东数西算"工程等，构建

"数据+算力+算法+场景"的公共数据资产应用生态。制定完善的业绩评价、信息披露、激励惩处等配套措施。实施多方主体参与公共数据资产增值开发，利用公共数据开展科学研究、技术创新、产品开发、数字创业等活动。有支持市场化数据流通交易平台、专业化数据服务企业及机构、第三方数据评估机构等的发展措施，有可以引导平台企业、行业龙头企业联合高校、科研院所等组建公共数据创新实验室、场景实验室等的产教融合条件，通过这些措施和条件可以实现公共数据价值产品化、服务化。

10. 公共数据资产的风险

数据存储、传输和处理过程中的安全和隐私风险，包括对数据泄露、丢失和滥用等风险的评价，是公共数据资产授权运营评价的重要内容。第一，数据安全风险评价是保障国家安全的重要手段。数据安全事关国家安全，传统的网络安全评价手段难以全面、有效发现数据安全风险，为了有效应对风险，需要建立数据安全风险评价制度。第二，数据安全风险评价是行业主管部门依法履行数据保护监管职能的重要抓手。工业、电信、交通、金融、卫生健康等行业主管部门承担本行业本领域的数据安全监管职责。建立发展数据安全风险评价制度，可以作为行业主管部门管理本行业企业的重要抓手。第三，数据安全风险评价是构建全国统一大市场的重要保障。数据安全是数据要素繁荣活跃的基本前提，数据安全风险评估制度是有效发现风险、化解风险的机制保障，也是建立数据合规体系、稳定市场主体预期的重要手段。第四，数据安全风险评价是企业依法依规利用数据要素、获取数据权益的机制保障。建立数据安全风险评估制度，在科学把握风险规律的基础上合理界定数据保护责任，可以判定数据要素主体的市场预期，促进数据要素流动。第五，数据安全风险评价是保护企业组织合法权益、保护个人隐私安全的重要手段。数据和个人信息处理者通过风险评价提前发现风险，并采取手段降低风险，可有效保护组织和个人的合法权益。

这些指标共同构成了一个全面的评估框架，帮助组织更好地开发利用公共数据资产，促进数据资产的合法合理运营。

5.3 公共数据资产授权运营评价实施方案

评价实施方案是评价小组对评价工作的部署，在评价工作中起着举足轻重的作用。编写评价实施方案的主要目的为明确评价对象、时间安排、人员配置、指标体系、调查方案、调查问卷等内容。

5.3.1 评价实施方案内容

1. 编写步骤

评价实施方案由评价管理者根据确定的评价任务进行编写，编写评价实施方案一般包括 4 个步骤：前期准备、起草方案、与相关方沟通、确定评价实施方案。

① 前期准备。编写之前要对评价对象和范围进行必要的研究和分析，要明确评价目的，熟悉评价目标、特点、实施和完成情况，了解评价实施的社会经济背景，掌握平台授权运营现有的数据信息情况。

② 起草方案。在前期准备和估算用于评价的资源等基础上，编写评价实施方案初稿。

③ 与相关者沟通。将评价实施方案初稿与政府主管部门、平台授权运营部门、实际运行机构、行业专家等主要利益相关者进行沟通，听取他们的意见和建议。

④ 确定评价实施方案。在考虑利益相关者的意见和建议基础上，修订完善评价实施方案初稿，形成最终评价实施方案。

2. 评价实施方案内容

高质量的评价实施方案应该包括以下内容：评价目的、公共数据资产授权运营概况、评价对象和范围、涉及的利益相关者、关键评价问题、调查方法和数据分析方法、预期成果、评价小组、实施计划、管理部门责任等，附件中应包括项目需要的资料清单、绩效评价指标体系表、调查问卷等。

① 评价目的。评价方案的第一部分是明确评价目的。评价目的要具体写明为什么要开展公共数据资产授权运营评价，该评价是过程评价还是结果评价，评价结果将如何使用，以及由谁使用。

② 公共数据资产授权运营概况。对公共数据资产授权运营的背景、目标、投入与活动、实施情况等方面进行简要描述，以便评价人员能够迅速了解授权运营基本情况。背景指授权运营实施的国家层面和地方层面的社会经济发展状况，公共数据资产所属的领域，运营所要解决的主要问题等。目标指授权运营的预期产出和成效，如果授权运营设定了具体目标，还应描述其具体目标；如果是跨年度的长期项目，还应有分年度应达成的具体目标。投入与活动指授权运营投入的金额和其构成，为了实现授权运营目标而设置的授权运营分目标及其开展的相关活动；为完成此目标，投入的人员、资金和物资

情况，需要一一列清。实施情况指授权运营的实施周期、实施单位、实施方案情况。

③ 评价对象和范围。具体要说明公共数据资产授权运营评价是对什么的评价。一般而言，评价对象为公共数据资产授权运营情况，其中包括公共数据资产授权运营的组织实施情况、授权运营监管情况、安全情况、效率效果情况以及服务对象的满意度情况等。

④ 涉及的利益相关者。公共数据资产授权运营往往涉及多个利益相关者，包括管理部门、实施机构、运行机构、目标群体等。实施方案中需要说明希望他们参与评价的形式，使评价人员了解项目的利益相关者，并尽可能从他们那里收集到对评价有用的信息。

⑤ 关键评价问题。这部分要列出评价中想要获取答案的关键问题。关键评价问题是针对评价目的、评价内容等提出的问题，这些问题是在评价准则基础上进行开发的。

⑥ 调查方法。描述证据收集可能用到的方法，比如案卷研究、访谈、实地调研、问卷调查、座谈会等。不同方法的成本不同，在选择使用何种方法时要考虑评价的预算。具体方法由评价小组进行开发。评价的调查内容基本属于社会调查，所以需要遵循社会调查的原则、方法、调查程序、抽样比例、数据校验等方面的要求，以保证调查数据和分析结果能够支持评价结论。

⑦ 预期成果。通过评价获得管理部门想要的成果，如评价报告、评价进展报告等。

⑧ 评价小组。这部分要描述评价小组所需要的知识、能力和经验；还要描述建议的评价小组人数。

⑨ 实施计划。这部分说明评价任务将要开展的活动及时间安排，尤其是评价成果的提交时间节点。这里主要列出评价任务实施的关键时间节点和任务负责人，详细的实施计划由评价小组负责。

⑩ 管理部门责任。评价方案要写明管理部门在评价中的责任，包括管理部门要提供授权运营的相关说明文件，如为评价小组提供的必要的协调，参与评价实施过程中的某些活动（如实地调研、座谈会和讨论），对评价进行质量控制等的说明文件。

由于评价方案对评价的成功实施至关重要，因此在公布最终评价方案之前，管理部门要对其质量进行检查，检查时需要明确开展此项评价的目的，评价涉及的利益相关者，评价问题的明确性，评价方法或评价程序的合理性，评价所需资源和时间的合理性，评价小组需要得到的实施单位的支持，管理部门对于评价报告的要求，评价指标体系设计的合理性、规范性、科学性以及调查方案的科学性和合理性等。

5.3.2 评价指标体系设计

1. 评价指标体系的意义

评价指标体系是根据公共数据资产授权运营评价工作的要求，按照一定的原则，为体现不同目的和要求、反映评价对象绩效而形成的一系列指标的集合。

第一，评价指标体系是进行评价的工具。公共数据资产授权运营绩效是一个综合性的概念，只能根据评价要求，把评价内容具体化为可以计量的一系列指标。不同类别的公共数据资产授权运营的绩效内容可能存在差异，因此，必须根据各类公共数据资产授权运营要求的目标特点设置不同的评价指标体系。

第二，评价指标体系体现了评价主体的评价目的。评价指标体系中设置的指标，体现了评价主体对绩效的理解和追求。评价主体对绩效的理解不同，对绩效目标的追求不同，设置的评价指标也不同。

第三，指标体系与指标存在区别。指标体系是根据评价工作的要求，按照一定原则，为体现不同内容和反映评价对象绩效而形成的一系列指标的有权重关系的集合。而指标反映的是授权运营某一个方面的效率或者效果，单个指标汇总后能够构成指标体系。

2. 评价指标体系的设计步骤

第一步，根据评价的目的、不同类别数据资产评价内容，以及指标体系的设计原则，采用适当的方法，确定评价指标。

第二步，运用适当的方法，确定各个指标相对于授权运营所需要考察的总体绩效情况，用数量化的方法表示出来，即赋予每个指标一定的权重。

第三步，通过适当的方法，确定各个评价指标的参照标准，即确定指标的标准值。

3. 评价指标体系的设计原则

① 相关性原则。评价指标体系应当与评价目标有直接的联系，能够恰当反映评价目标的实现程度。评价指标体系应能够反映公共数据资产授权运营的目标和经济性、效率性、有效性的要求。

② 重要性原则。应当优先使用最能代表评价对象、最能反映评价要求的核心指标；应筛选出最重要和最关键的绩效要素；指标体系应简单明了。

③ 可比性原则。对同类评价对象要设定共性的评价指标，以便评价结果

可以相互比较。各类公共数据资产授权运营的目标不同,其评价指标也不同,因而需要分别设计。同时,授权运营绩效也有内容和标准上的要求,需要考虑在指标设置上的规范性和一致性。

④ 系统性原则。应当将定量指标与定性指标相结合,系统反映公共数据资产授权运营的社会效益、经济效益、环境效益和可持续影响等。评价指标应尽可能采用定量指标,但在定量指标不能完全反映授权运营情况的情况下,需要采用定性指标的,定性指标也需要具有可衡量性。

⑤ 经济性原则。评价指标体系应当通俗易懂、简便易行,数据的获得应当考虑现实条件和可操作性,并符合成本效益原则。评价指标要能准确地反映评价的内涵,指标的权重要能够准确地反映该指标在整体绩效中的地位,指标的标准值要反映国内外先进水平。在设计评价指标体系时还要考虑现实可行性,特别是要考虑指标数据收集和处理的难易程度及其成本。

4. 评价指标体系的设计方法

一是指标集的形成。评价指标的设计具体分两个方面:第一个方面是采用层次分析法建立评价指标集,该方法一般将指标分成目标层、方案层、指标层,最终形成一个由许多相互联系的指标组成的多层次的指标集;第二个方面是采用专家调查法确定评价指标,评价指标集建立后,邀请若干专家对指标集中的指标进行分析、权衡、补充、选择,最后确定评价指标。

二是指标权重的确定。指标权重,即某一项指标在指标体系中的重要程度的表示,是确定哪些是核心指标、关键性指标的重要步骤。指标权重的确定分为主观法和客观法两大类。主观法主要有专家调查法、层次分析法等;客观法主要有主成分分析法、熵值法等。一般采用专家调查法和层次分析法来确定指标权重。

三是指标标准值的确定。指标标准值是评价指标的标尺,既要反映国内外同类公共数据授权运营的水平,又要符合实际授权运营的水平。具体可采用以下标准。

第一,计划标准。即以预先制定的目标、计划、预算、定额等作为评价标准。这些标准值一般会出现在年度工作计划、五年计划、政府社会经济文化发展目标中。

第二,行业标准。即以同行业的相关指标数据为样本,运用一定的统计方法计算得出的评价标准,也可以是行业标准或国家标准中规定的标准值。

第三,历史标准。即以同类部门、单位绩效评价指标的历史数据为样本,运用统计方法计算出的历史平均水平作为评价标准。

第四，经验标准。即由专家根据实际经验和经济社会的发展规律，经分析研究后得出的评价标准。

5. 绩效评价指标体系的运用

① 指标数据的标准化。分为定量指标数据的标准化和定性指标数据的标准化。定量指标数据的标准化方法可以根据比重法、极值法等方法确定；定性指标数据的标准化方法是由评价专家根据相关资料，对照事先确定的评分标准进行综合判断后直接给分的方法。

② 计算综合得分。如果评价的综合评价值用 V 表示，则：

$$V = \sum w_i p_i$$

其中，w_i 表示第 i 个指标的权重，p_i 为第 i 个指标的标准化值（百分制）。在定量评价的基础上，可以对授权运营进行定性评价分等。分等标准为：$V \geq 90$ 为优秀，评价为"优"；$80 \leq V < 90$ 为良好，评价为"良"；$60 \leq M < 80$ 为合格，评价为"中"；$V < 60$ 为不合格，评价为"差"。

5.4　公共数据资产授权运营评价实施

5.4.1　评价方法

评价方法的选择应当坚持简便有效的原则，根据评价对象的具体情况，可采用一种或多种方法进行评价。评价方法主要包括成本效益分析法、比较法、因素分析法、公众评判法等。

成本效益分析法是指将一定时期内的支出与效益进行对比分析，以评价目标实现程度。结合期初确定的目标，比较支出所产生的效益和付出的成本。其适用范围有一定的局限性，主要适用于成本和效益都能准确计量的项目。一般情况下，以社会效益为主的支出项目不宜采用该方法。

比较法是指通过对目标与实际效果、历史与当期情况、不同部门和地区同类支出的比较，综合分析目标实现程度。主要适用于类似公共数据资产的横向比较，这种情境通常也通过案例对比分析进行评判。

因素分析法是指通过综合分析影响目标实现、实施效果的内外因素，以评价目标实现程度。许多公共数据资产授权运营时，可以通过不同因素的权重评比，进行综合分析。

公众评判法是指通过专家评估、公众问卷及抽样调查等，对财政支出效果进行评判，以评价绩效目标实现程度。对于无法直接用指标计量其效益的公共数据授权运营项目，可以选择有关专家进行评估并对社会公众开展问卷调查的方法，以评价其效益，这种方法也可用于对具有社会效应的公共数据开放共享情况进行评价。

5.4.2 运营资料核实

1. 文件梳理

文件梳理是收集资料的有效途径，它允许我们根据要求搜集多种类型的资料，例如实施政策文件、管理制度、平台授权运营总结报告、受益者满意度测试数据以及政府相关优惠政策规定等；此外，它还包括对会计资料反映的资金收支活动的合规性检查报告，例如项目单独核算、专款专用、原始凭证的合规、资金收支的合法等方面的检查报告。在评价的初期，我们需要确定文件的性质、地点以及可获得性，从而确保文件检查方法的成本效益性。

2. 文献分析

文献分析是指查阅与评价业务相关的文献，研究相关历史资料，以帮助评价人员获取有用的资料，但需要对其内容的可靠性进行评估，包括评估信息是否客观、是不是多方位的描述、是否有利于对项目的理解与分析等。

3. 调查访谈

调查访谈是从人群或者组织群体中收集详细、具体的信息，特别是针对某个特定问题收集信息，可以运用包括函证、网上调查、电话核实等在内的多种调查方法。在进行以社会调查为主的评价项目时，其调查方案应参考国家标准进行设计和数据处理，以保证数据的可检验、可靠性。同时，在评价工作的不同阶段需要进行不同类型的访谈，例如寻求事实的交流和讨论，收集材料和信息，记录态度、意见和建议等。访谈要注意针对各类意见收集相关的事实和信息，在通过访谈获取细节和内容之前需要进行策划，对访谈的结果需要进行整理和记录，以帮助后续的分析和质量复核。评价小组在开展访谈之前要做好以下准备工作：从授权运营利益相关者中确定访谈对象，设计访谈问题清单，编写访谈日程。访谈对象是能够为绩效评价提供切实有用证据的人，参与项目设计、实施等的行业专家等。进行访谈要注意以下事项：每次访谈时间不宜过长，一般不超过 3 个小时；评价小组要安排专门人员负责记录，尽量做到将访谈对象提供的信息全部记录下来；访谈要严格按照问题清单进行，避免访谈对象过多地谈论与绩效评价无关的内容；如果对访谈对象陈述的内容有疑问，评价小组要及时提问进行确认。

4. 座谈会

在评价的各阶段可召开座谈会。具体内容包括讨论授权运营管理的成功经验与成绩、授权运营推进当中的困难与问题，以及改进措施，并通报不同的观点和意见。这一方法的优势在于将拥有不同知识和观点的人员聚集在一起，从而可以对问题领域有更好的了解。

采用座谈会方法应该注意以下事项：座谈会参与人数不宜太多，6~10人比较合适；要尽量保证参加座谈会的人是最合适的人，他们最好参与过或熟悉平台项目的实施、运行、管理等，能够为评价提供有用的信息；要有专门的人负责记录，尽量将参会人员提供的信息记录下来；座谈会要按照问题清单进行，避免参会人员过多地谈论与评价无关的内容；如果对与会人员陈述的内容有疑问，评价小组要及时提问进行确认；参会人员要进行签到。

5. 观察法

观察法在评价中并不常见。这一方法主要用于深入了解操作的运行方式，获得相关领域人员的意见、测试观点及与其他信息进行对比等。

5.4.3 评价环节

1. 资料与证据整理

收集完资料和证据以后，需要对其进行整理方可使用。资料与证据的整理需要关注两点内容：一是证据层面的提升，即从个体收集的证据要上升到用于判断整体；二是用不同的方法从不同来源收集同一个指标的证据，相互之间能够验证。

同时，资料和证据要根据评价指标进行整理。一般用来分析一个指标的证据可以分为三类：第一类是用于衡量指标的证据，如衡量指标安全性的遭受网络攻击或者数据泄露等证据；第二类是分析指标实现或没有实现预期值的原因，比如平台经营绩效没有达到预设目标的原因；第三类是利益相关者的观点，比如平台的不稳定导致数据产品的使用者不能在约定的时间使用数据，或者出现平台访问障碍等观点。

2. 资料与证据分析

资料与证据分析是指根据整理后的资料和证据，依据基准衡量指标，回答关键评价问题以及进行原因解释的过程。

公共数据资产授权运营评价一般采用三种分析方法，即变化分析法、归因分析法和贡献分析法，最后形成综合的分析结果。变化分析法是评价中最常用的分析方法。它分析指标在项目实施后是否达到预期值。变化分析法通过比较指标的实际变化情况与预期变化情况得到分析结果，如果不能体现出变化与平台授权运营过程中内在的必然关系，就无法分析指标产生变化或没有产生变化的原因。归因分析法是评价观察到的变化有多大比例是由授权运营产生的。它一般通过建立反事实场景进行分析，即分析如果没有该事项会出现何种情况，是否还会产生这些变化以及变化的比例。贡献分析法是分析平台授权运营某事项是不是产生变化的原因之一，或者是否对产生变化发挥了促进作用。平台授权运营产生某种变化有很多因素，并且也很难评价这种变化有多大比例是由每个因素造成的，这时可以采用贡献分析法。

最后通过上述分析方法，形成分析结果。分析结果有两种表现形式：第一种是指标的衡量结果，即指标是否达到预期值；第二种是根据指标达到或没有达到预期值的原因形成对关键评价问题的回答。

3. 评价结论与建议

评价结果一般采用百分制打分法确定。它是根据不同评价准则、不同评价问题、各评价指标的重要性逐层赋予不同分值，来确定每个评价指标的评分标准，再对照评分标准，给每个指标打分，然后把所有指标的得分值直接加总得到总分，最后确定评价等级，所以评价结论包括总体评判得分和单项指标评判得分。

经验教训是评价结论的一个重要方面，它是指通过评价总结出来的可能有助于开展其他相似数据授权运营的经验，包括描述授权运营平台的规划设计和实施的优缺点，及其对绩效的影响。提出的经验教训要限于被评项目，且有切实的证据支撑，并指出哪些方面是有参考价值的。

最后是针对本次评价提出的建议，主要是对如何提高授权运营绩效、如何对平台授权运营进行优化设计和分配资源的各种提议。建议要与评价结论和经验教训联系起来，要具体阐明建议是针对什么情况提出的，应该在什么时候实施，但是最重要的是要阐明为什么提出这些建议。建议部分有两个重点需要充分考虑：一是要针对评价中发现的问题提出建议；二是关注委托方的评价需求，建议应落实在如何提高公共数据资产授权运营的效率和效果上。

4. 评价档案管理

在评价实施的过程中，最耗时费力的工作就是收集资料，而且还不一定能够收集全。为了提高工作效率和适应无纸化办公的需要，建议评估管理单位规范建立电子档案。为规范绩效档案电子文件的形成、归档，以及绩效档案的管理，确保电子文件与电子档案的真实性、完整性、可靠性、可用性和安全性，促进绩效电子档案的安全保管与有效利用，制定的《绩效电子档案管理办法》应包括以下三个部分。

一是绩效档案应当按照公共数据资产授权运营的全生命周期来建立，这主要包括公共数据资产授权运营的方案、计划、可研文件、立项文件及资金批文，决策机关会议纪要或批准文件，实施阶段相关文件，招标投标文件，合同，资金到位文件，资金支付凭证及明细账目文件，监理进度记录，验收报告文件，结算审计文件，预算审计文件，各种运行记录，人员配置记录，收入与支出记录，满意度调查报告等。这些记录既包括文字、数据，也包括各种现场图片、视频、报道、网络平台信息与数据等。

二是绩效档案应按时间顺序整理，并对各类文件进行必要的分类分级。为了保证档案的完整性与准确性，电子档案要进行不可逆的固定化操作，即只可浏览、查询，不可编辑。

三是为了方便管理与查询，纸质档案要建立档案目录页，电子档案应建立电子表目录，使用超链接方式与源文件进行关联。

5.5　公共数据资产授权运营案例

在《纲要》首次提出了授权运营后，各地各部门开始积极创新探索公共数据授权运营，并积累了一定经验，但其中也仍存在共性的困难和挑战，亟待整合多方力量共同寻求突破。这里分别列示了上海市、成都市、济南市、湖州市、珠海市香洲区以及萍乡市安源区公共数据资产授权运营的做法和取得的成效，以期从中获取一定的经验与启示。

1. 上海市：打造城市级平台，支撑公共数据价值释放

上海市以市为单位整体统筹推进，打造市级平台，实现充分的资源聚合与对接统一。面向公共数据的社会化开发利用，明确相关参与角色在授权运营中的分工协作，基于完整的数据开发链路，构建支撑底座。多方位地引入各类主体，完善公共数据开发利用的产业链条。

（1）授权运营模式。

为满足以公共数据为牵引，融合企业数据、行业数据等多源数据汇聚、治理和开发利用的需求，上海数据集团有限公司构建了城市数据空间的关键基础设施——"天机·智信"平台，该平台面向数据全生命周期，提供安全和授权运营的管理能力。其采用技术领先的"湖仓一体""存算分离"架构，深

度融合区块链、隐私计算等关键技术，依托"浦江数链""数字信任"体系提供身份可认证、访问可控制、授权可管理、安全可审计、过程可追溯的关键技术能力，以促进公共数据的开发利用。平台参与方为数据提供方、数据需求方（数据消费方）、授权运营方、开发利用方、平台运营方、平台监管方，采取六方联动和"一场景一审批"的方式，针对有条件共享或开放的公共数据资源进行授权运营。数据提供方（公共管理和服务机构）负责提供履行公共管理和服务职责过程中收集和产生的数据，保证数据的质量。数据需求方以授权运营方或者开发利用方的产出为输入，负责产出应用型产品，供社会端的消费者使用。授权运营方负责建设统一的安全可信的数据基础设施，负责数据资源的统一汇聚与基础治理，负责数据应用场景管理、开发利用方管理、数据产品管理，负责数据全生命周期安全和风险管理，并接受监管方的监督和指导。开发利用方负责对数据进行融合加工，通过平台提供的存算资源及工具能力，形成数据产品与服务。

平台授权运营方负责公共数据的开发利用和运营授权运营平台，为开发利用方提供计算、存储服务及治理开发工具。该平台与市大数据资源平台和授权运营管理平台在政务网内互联互通，保障公共数据安全高效地流动。市政府办公厅、市委网信办、市大数据中心是公共数据授权运营的监管角色，共同确保市场参与者的行为合法、公平和透明。

（2）授权运营成果。

2023年9月底，上海数据集团有限公司上线发布了"天机·智信"平台。该平台面向公共数据授权运营的各类参与主体，打造"1+2+4+X"整体架构方案，主要包括1个数据底座，2套数据生命周期管理、4类数据开发服务及X个数据价值场景。1个数据底座指采用自主可控、安全可信的技术路线，构建具有数据汇聚、存储、管理等功能的数据底座；2套数据生命周期管理指建设数字信任和数据安全体系，获得数据汇聚、采集、存储、加工、服务、使用等全流程的安全保障能力，通过可信存储系统实现数据授权、数据使用、数据目录、数据服务等全流程的存证留痕，为数据利用提供安全和运营支撑；4类数据开发服务指提供数据治理、数据产品、数据服务、数据应用等工具，为数据开发服务提供技术支持，形成整体多类数据的元数据管理、模型管理、数据质量管理等数据管控体系，打造数据资产管理能力；X个数据价值场景指面向上海城市数字化转型，支持X个数据价值场景的对外服务和发布。

"天机·智信"平台采用业界领先、技术先进、开源架构、国产自主可控的技术方案建设。核心平台采用"湖仓一体""存算分离"架构，整体平台安全可信，周边平台模块全部实现国产化，并依托于自主可控技术进行构建。

采用业界领先的隐私计算的方案能力，实现数据可用不可见、数据不动算法动、数据可查可追溯。面向开发需求，提供便捷使用、全流程一站式的开发工具。面向数据要素流通，执行统一的产品上线流程，并进行全流程运营管理。

（3）应用场景。

目前已上线企业信用服务、普惠金融、企业风控、国际贸易真实性分析、群租房管理、社区停车管理等应用场景。以金融风控场景为例，在上海市政府办公厅、上海市地方金融监督管理局的指导下，在上海市大数据中心的支持下，上海数据集团有限公司基于工商、税务、社保、公积金、司法、经营状况等多维度数据，经深度清洗与关联整合，打造了多种金融场景数据产品，覆盖核验、准入、风控等各环节，其中"征信报告""企业负面信息评估""中小企业创新培育"等产品已在工商银行、建设银行、农商行等广泛使用。依托数据基础设施和公共数据资源，金融机构快速上线了面向中小微企业、科创企业的创业贷产品。

2. 成都市：率先开展授权运营试点，精耕应用场景

在全国范围内，成都市较快开展公共数据授权运营试点，采取统一授权模式，高效开展多路径探索。搭建公共数据授权运营服务平台，深挖多元场景需求，打造具备商业化能力的典型产品。以需求为导向推进多源数据深度融合开发，充分发挥公共数据要素对数据要素市场建设的关键作用。

（1）授权运营模式。

按照"授权运营，需求主导，分批落地，安全可控"的原则，通过建设成都市公共数据授权运营服务平台，为社会提供资源对接窗口。开展政务数据资产化授权运营，以企业需求和应用场景为主导，针对与民生紧密相关、社会迫切需要、行业增值潜力显著和产业战略意义重大的公共数据，分批上线运营，并促进产业生态打造，孵化创新应用场景。同时，打造形成以产业应用为引导、以技术攻关为核心、以基础软硬件为支撑的较为完整的区域化产业链条，推进成都市数据要素流通核心技术攻关，打通产业链上下游数据通道。为培育数字经济新产业、新业态和新模式，平台提供"可用不可见"价值传递的规范化数据流通模式。根据不同行业领域的业务需求，为地市级行业代表性企业提供数据保障。

成都市为了让公共数据授权运营服务平台与政务系统对接，获取政务开放数据资源，将平台纳入成都市网络理政办进行监督管理。平台构建了共用基础设施层，包括感知设施、基础网络、基础设施及成都市政务云、安全管理服务等建设。平台通过电子政务外网与政务云连接，采用虚拟化和大数据

技术，安装部署虚拟化管理软件和大数据管理软件，搭建统一的计算存储资源池，为平台各应用系统提供计算存储资源的技术支撑。

（2）授权运营成果。

平台广泛汇聚了数据资源，开发了多种数据服务产品。截至2024年，成都市公共数据授权运营服务平台已汇聚工商、司法、交通、民政等575类超5.7亿条多维数据，覆盖47个市级部门机构和数百万个市场主体，并实现稳步更新，每月有数千万条数据持续更新。平台主要提供信息核验、信用查询、准入分析、风险洞察、竞争力分析、产业招商、民生服务等公共数据产品与服务，累计上线标准化数据服务产品超过120个。按照应用场景需求，一类是数据不出网，形成了核验比对、沙箱建模、统计分析报告等产品；另一类是数据脱敏加工出网，用于产业分析、人工智能模型训练等场景。

打造了多样化应用场景，服务了产业与民生。在信息主体的授权下，平台依托数据资源形成了超过40个"公共数据+"场景应用，涵盖金融科技、企业内控、创投估值、知识产权融资、跨境电商应用、涉农信用贷款、行业便民服务等多个领域，并形成了数字证书核验、企业创投数据画像、国企智慧审计沙箱服务等一批典型应用。目前已累计为银行、市场主体提供服务2700多万次，包括支撑10余万企业获得企业电子证照，帮助企业实现线上电子投标等业务；支持1万余家企业申请金融服务，金额超270亿元；通过知识产权融资报告，服务企业1600余家，实现知识产权成果转化401件；累计为家政、信用核验等民生项目服务21万次，成功帮助1万余位家政人员找到雇主；通过普惠金融和消费信贷金融方式，支持成都区域金融信贷服务金额超110亿元。

（3）应用场景。

成都市实现了公共数据在生活服务领域的应用拓展，成都数据集团与行业生态伙伴打造的"公共数据+民生"服务产品，率先开展了公共数据在非金融行业领域的开发利用探索。如为打造经济应用新场景、优化社会信用体系，成都数据集团联合成都正态铠甲科技有限公司，携手打造"贝融助手"App，利用合规高效的公共数据授权运营机制，通过数据建模、清洗、加工、脱敏等步骤形成合规的身份核验类数据服务产品。该产品提供个人画像标签数据查询，以此增强公共数据在家政、婚恋等民生信用场景的应用。

该场景以"数据观察、态势感知、安全评估"为核心，致力于打造高质量社会互信环境，构建以信任为基础的新型社交模式，先后与"信用中国""成都大数据中心"达成战略合作，服务企业10万余家，用户体量已达350万以上。针对行业各自为政、资源分散等难题，成都数据集团作为发起或参与单位，与各方共同建立了成都市人工智能产业生态联盟、成都市大数据协会、成都市大数据产业联盟等区域产业生态战略联盟。这些联盟聚焦于资源共享、政产学研用合作、人才培养、标准化建设等领域，促成多方交流合作，充分发挥了其在产业对接、平台搭建等方面的作用。

2023年6月，成都市网络理政办和成都数据集团作为主要单位，其"以场景应用为基础的数据要素市场建设模式"成功入选国家发展改革委办公厅和科技部办公厅发布的《2023年度全面创新改革任务揭榜清单》。这标志着成都市在数据要素市场建设方面持续发挥引领带动作用。

3. 济南市：公共数据流通内外双循环，优化公共服务

济南市构建以政务大数据共享开放和公共数据授权运营为核心的内外双循环体系，贯通数据共享与开发利用体系，构建公共数据授权运营"新平台"，将授权嵌入数据流转链路，保障公共数据安全合规开发利用与可信流通。同时，持续细分深挖丰富应用场景，以优化公共服务为主线，落地多个应用场景，多方位赋能公共服务能力提升。

（1）授权运营模式。

为打造山东省公共数据授权运营试点城市，在济南市大数据局的指导下，浪潮云信息技术股份公司搭建可信数据空间，上线公共数据授权运营管理平台、隐私计算平台、数据沙箱、区块链平台等多个技术平台，并分别在政务外网区和互联网区部署了十余个中心节点和计算节点，保障公共数据的合规授权与安全可信流通。数据需求方根据自身业务需求，向授权运营平台发起数据申请、数据产品申请，经审批后进行备案。所需的公共数据可来自一体化大数据平台或各政府部门控制使用的数据平台，通过连接器，以接入隐私计算节点的方式进入可信数据空间。数据需求方在可信环境下接入隐私计算节点，根据具体场景需求，将采用联合建模、不可见交易等方式实现数据在不出域的情况下的开发和利用，形成数据产品或数据服务。

（2）授权运营成果。

在资源供给方面，公共数据授权运营充分对接济南市一体化大数据体系，整合济南市各部门数据资源，目前已梳理各部门670余个信息化系统，累计接入69个市直部门和15个区县的公共数据资源，发布数据目录约1.3万个，接入数据资源2万个，其中库表资源4100余个，文件资源1.2万余个，共发布数据服务3800余个，落地数据总量近110亿条。

在平台建设方面，已开通了10余个计算节点，搭建并部署济南市可信数据流通底座，实现正式上线运行。平台提供隐私计算、数据沙箱、区块链等支撑可信数据空间的各类公共服务能力。

在场景支撑方面，探索落地多个应用场景。为章丘等区及济南市财金集团、人才集团等单位提供服务，并取得初步成效。相较于传统方式，公共数据授权运营平台的人工成本减少了 75%，工作效率提升了 60%，核查准确率提高了 80%。此外，授权运营管理平台已对接 26 家商业银行，实现授信 393.9 亿元；对接 10 家主流保险机构，实现商业健康保险赔付金额超 29 亿元。

（3）应用场景。

目前公共数据授权运营场景覆盖了政务、金融、医疗、商业等众多行业领域，应用于"反欺诈准入""医保核查场景"等多个场景。

一是医保核验与大病报销核验。通过建立医保核验场景，将原本线下的居民医保信息摸排工作转换为线上建模分析工作，从而减少人工成本，提高医保信息核验效率，并确保数据安全。

二是反欺诈准入模型。构建反欺诈模型，用于核查企业信息并评估金融风险，实现普惠金融落地。目前该模型服务已试点应用，不仅节省了摸排时间，筛查准确率还提高了 80%。未来，该模型将大规模推广使用。

三是社保断缴场景。通过建立模型，可以快速排查就业经历造假、失业等情况，减少了人才背调工作，节约了约 75% 的人工成本，并实现了自动预警。

当然，还有其他的模型处在陆续开发中，相信会有越来越多的公共数据授权运营场景被应用到生产生活中。

4. 湖州市：全面整合公共数据资源，构建多元数商生态

湖州市深入聚焦政企数据融合，建设全数据要素流通平台底座。充分结合本地特色产业与实际基础，深耕绿色应用场景。以地方资源与产业为基础，大力引育多元化数商，建设繁荣的数据要素产业生态，推进实现数实融合。

（1）授权运营模式。

湖州市秉持"政府主导、国企操盘、市场运营"的原则，打造"1+2+4+N"的湖州数据要素配置体系，"1"即全市统一的数据要素流通平台和授权运营方，"2"即两大主要数据类别（公共数据、社会数据），"4"即"绿色金融""绿色地信""绿色能源""绿色健康"四大应用领域，"N"即培育和引进 N 个数商（消费者、生产者、交易者、运营者、加工者、推广者、计算者、监管者、科研机构等），从而打造湖州绿色交易示范区，形成数据要素流通服务生态，赋能湖州数字经济发展，促进产业转型升级。湖州数据要素流通平台是基于"金智塔智通数据要素流通平台"的成熟框架进行开发、部署的，平台分为基础设施、技术支撑、流通监管、加工交付、统一运营、交易专区等模块，可以支撑数据资源挖掘利用、数据要素价值流通全生命周期的控制流转。

综合运用隐私计算、可信计算、大数据、区块链等技术，为湖州市打造了一个统一、安全、合规、可信、高效的数据加工和交付审查环境。

(2) 授权运营成果。

平台首批对接了湖州市住房和城市建设局、德清县交通运输局、湖州市市场监督管理局、湖州市发展和改革委员会等 60 多个政府部门，国网浙江省电力有限公司湖州供电公司、湖州燃气股份有限公司、湖州市数字集团有限公司等 30 多个公共事业单位，以及德清县车网智联产业发展有限公司、浙江物象科技发展有限公司、湖州银行等 50 多个社会机构。平台融合了公共建筑的电力与燃气数据，交通的红绿灯信息、路侧采集数据，企业工商注册信息，银行用户信息等 1 亿多个样本数据。

(3) 应用场景。

形成了公共建筑碳效码、自动驾驶仿真和金融数据引擎等典型应用。湖州市数字集团有限公司通过湖州数据要素流通平台中的隐私计算技术，安全高效地融合了湖州市住建局、国网浙江省电力有限公司湖州供电公司、湖州燃气股份有限公司数据，生成了"公共建筑碳效码"这一数据产品。该产品应用于公共建筑节能降碳场景，推动了"碳效码"管理的实施。湖州市在 2024 年全面推行"碳效码"管理，在 2025 年之前通过这种方式至少节省了 3 亿度电，这相当于减少 14.8 万吨碳排放量。在正常情况下，预计有改造价值的建筑中有 30%能达到 50%节能标准；有 40%能达到 65%节能标准，有 30%能达到绿色建筑标准。据此，可预期的潜在市场价值约为 158 亿元。

在自动驾驶仿真方面，浙江物象科技发展有限公司作为湖州数据要素流通平台中的数据服务商申请平台的隐私计算服务资源。平台安全高效地融合了德清县交通信息与天气信息，开发自动驾驶仿真场景库数据产品，服务于小鹏、蔚来、宝马等汽车厂商。自动驾驶仿真数据产品为自动驾驶企业提供多种复杂、危险和极端场景下自动驾驶系统的应对能力验证服务，优化了自动驾驶系统识别潜在的安全风险的能力，提高了系统的安全性。同时在仿真环境中，企业可以快速迭代自动驾驶系统的开发，并使系统研发周期缩减 1 倍以上，企业人力、时间投入缩减 30%以上。该数据产品预计年成交金额在数百万元。

在金融数据引擎建设方面，湖州市金融办和湖州市数据局牵头，湖州绿金发展中心有限公司作为授权运营单位，利用平台融合了湖州市市场监督管理局、湖州市发展和改革委员会以及金融机构内部企业相关信息，形成了 ESG 评价模型、企业授信评分模型、融资需求感知模型等，以此构建全市金融数据引擎。金融数据引擎打通了银企信息渠道，为全市 35 家银行机构，3.8 万家企业提供了数据查询服务，显著提升了金融机构的业务效率，预计提高了

50%以上。到 2023 年底，该服务已覆盖 1.92 万家企业，其中绿色企业 6900 家。当然，根据市场需求，其他各类应用场景还在不断开发和完善中。

5. 珠海市香洲区：以轻量化试点跑通全链路标准模式

基于广东省、珠海市各方面发展优势，以香洲区为轻量化试点，探索授权运营全链路模式，形成稳定机制，逐步拓宽授权运营范围，以典型金融场景切入，重点突破本地核心需求，推广复制成功经验。

（1）授权运营模式。

珠海市香洲区产业金融数字化公共服务平台（以下简称珠海产融平台）是一个以支持银行等金融机构提升对中小微企业服务能力为目标的综合性服务平台。该平台通过实现政府、企业、金融机构的涉企信用信息共享，为中小微企业提供全流程融资服务。该平台由政府主导建设，以珠海市香洲区作为试点，经珠海市人民政府同意，现正在全珠海市推广使用。平台以解决金融机构与企业信息不对称问题为核心，以金融科技和科技金融双轮驱动实现技术创新和政策创新，以数字底盘方式推动"政府公共数据共享、企业自主数据申报、金融机构数据反馈"三者之间的数字信息交互，实现企业建档数字化、企业融资数字化、银行尽调数字化、政府服务数字化，促进科技、产业、金融的良性循环。平台由珠海市香洲区数字金融中心运营，该平台还负责对通过广东省数据资源"一网共享"平台共享的数据进行加工和运营。

平台公共数据采用加密存储的方法，通过调用政务云密码池服务，动态获取密钥实现公共数据应用，并在内部环境构建"安全隔离域"作为数据价值挖掘的操作空间。严格按照"原始数据不出域，数据可用不可见"的原则，对原始数据进行隐私保护处理，根据实际需求，提供同态加密、隐私集合求交等数据使用方式，并根据金融机构在风控等业务领域的实际需求，以报告的形式提供最终的数据服务。

（2）授权运营成果。

通过"政所直连"的新范式，我们探索了一条公共数据经授权运营后形成产品，并成功实现交易流通的新路径。同时，以设立事业单位的模式探索公共数据授权运营，明确公共数据相关收益及利润能反哺财政，创新探索"数据财政"的实现方案。对于公共数据定价难题，政府应协同相关方制定出台定价办法，并由政府指导，确立了"基础数据价值+加工服务投入"的定价模式，创新性地探索了公共数据定价的新模式。公共数据产品通过深圳数据交易所和广州数据交易所的合法合规审查后实现上架交易。其中，深圳数据交易所基于诚信合规，引入第三方律师事务所出具的数据产品法律意见书，通过深圳数据交易所内部审核及数据合规专家委员会评定后，完成数据产品合规上架;广州数据交易所通过成立数据合规委员会,建立合规会审机制,并针对数据产品向合规专家委员会现场答辩后完成数据产品合规上架。

(3)应用场景。

基于珠海产融平台金融机构贷后场景的需求,对珠海产融平台上接入的数据进行加工分析,形成数据产品,并经珠海产融平台的数据接口交付给金融机构。数据产品主要对企业经营情况进行画像分析,通过统计分析后生成数据报告,满足金融机构对企业的持续监测需求,服务企业持续发展。首个公共数据产品已在场内上市交易,并已与征信机构、银行机构完成闭环交易。现平台已建档企业近9万家,总授信额度超69亿元,市场前景广阔。

6. 萍乡市安源区:辣红安源激发数据要素价值,培育数据资产服务生态

萍乡市安源区积极培育以数据为关键要素的新质生产力,把推动数据确权作为促进数字经济的重要抓手,与金融改革创新和国有企业改革有机结合,围绕"辣都萍乡、辣红安源"城市IP,探索出一条"资源变资产、资产变资本、资本变资金"的数据价值化路径,制定了全省首套数据资产价值认定标准程序——"726"价值认定程序,实现了数据要素和数据资产领域多项零的突破。

(1)运营模式。

将安源红色文化的历史遗产与现代数字产业的创新精神相结合,搭建"辣红安源"本地生活服务平台,促进数实融合。通过对"辣红安源"本地生活服务平台数据资源进行归并、整理和分类,将其中存在价值的数据资源加工,聘请第三方机构对数据资产开展价值评估,按照制定的江西省首套数据资产价值认定标准程序——"726"价值认定程序,即通过数据盘点、登记、核验、审计、合规、评价、评估7个环节,将资产分别在中国电子技术标准化研究院"全国数据资产登记服务平台"和中国人民银行"动产融资统一登记公示系统"2个平台进行登记,打通了数据要素、数据资源、数据资产的转换路径。同时对"726"价值认定程序所需的配套服务进行梳理,引进了律师事务所(数据合规)、资产评估公司(评估)、会计事务所(数据入表)、质量评价和项目综合管理服务商等一批"数商"服务机构,形成了本土化的数据资产服务链条,实现"726"价值认定程序所需的全部业务服务在安源区"一站式"完成,全力打造赣西、长株潭城市群叠加链接区和湘赣边区域合作枢纽区之间的数据集聚和开放的"桥头堡"。

(2)运营成果。

通过线上线下一体化运营方式,联合本地300+优质商家,为"辣红安源"品牌及线上平台增加曝光和知名度,积累消费经营数据,不断推出迎合消费

者需求的产品及服务，实现业绩持续增长的目标。"辣红安源"平台运营项目，实现了江西省首笔国有商业银行数据资产融资业务，合计授信金额达5000万元，为全省创新数据资产融资模式做了有益的实践和尝试，同时在2024中国国际大数据产业博览会数字政府交流活动中，"辣红安源"数据价值化实践成果成功入选展会参展案例。

（3）应用场景。

形成了通信运营商联动运营数据、萍乡农特产销售分析、萍乡本地商家团购核销分析、辣红安源本地生活消费者行为分析等四个数据产品应用场景。持续发力推动"辣红安源"产业发展和品牌塑造，在产业发展及品牌塑造方面取得初步成效。"辣都萍乡·辣红安源"在抖音、微信相关话题浏览量超2.5亿次，话题热度全网超3.5亿，登上本地热搜榜第一；区重点企业辣制品线上线下销售量增长35%以上；通过全网发布吃辣内容，用视频等方式推介"辣"在萍乡，并持续炒热话题。目前，全国官方媒体号发布文章视频数量超100余篇，全网"辣"在萍乡宣传推广内容超800余篇。通过持续推动"辣红安源"、萍乡辣餐饮、辣酱、辣片、辣食品等安源特色辣味品牌，有效推动城市名片从"网红"变"长红"。

经过分析，可以将上述案例的授权运营模式、运营成果和应用场景绘制成表5-1所示的内容。

表5-1 公共资产授权运营案例汇总

城市	运营模式	运营成果	应用场景
上海市	构建"天机·智信"平台，六类角色联动，一场景一审批	上线"天机·智信"平台，"1+2+4+X"架构，数据开发服务及多应用场景	企业信用服务、普惠金融、企业风控等，金融风控场景数据产品广泛应用于银行
成都市	授权运营，需求主导，分批落地，安全可控，建设公共数据运营服务平台，政务数据资产化运营	汇聚工商、司法、交通等多维数据超5.7亿条，上线标准化数据服务产品超120个	"公共数据+民生"服务产品，"贝融助手"App，金融科技等40多个场景应用
济南市	政务大数据共享开放和公共数据授权运营，内外双循环体系	对接670余个信息化系统，接入69个市直部门和15个区县的数据资源，发布数据服务3800余个，落地数据量近110亿条	政务、金融、医疗、商业等行业领域，"反欺诈准入""医保核查场景"等应用场景
湖州市	政府主导，国企操盘，市场运营，"1+2+4+N"体系	对接政府部门、公共事业单位、社会机构，融合1亿多个样本数据	公共建筑碳效码、自动驾驶仿真、金融数据引擎等应用场景

续表

城市	运营模式	运营成果	应用场景
珠海市香洲区	依托珠海产融平台，实现政府、企业、金融机构的涉企信用信息共享	探索公共数据授权运营，明确收益及利润反哺财政，数据产品上架交易	金融机构贷后场景数据产品，企业经营情况画像分析，首个公共数据产品上市交易
萍乡市安源区	搭建"辣红安源"本地生活服务平台，制定全省首套数据资产价值认定标准程序，形成了本土化的数据资产服务链条	通过线上线下一体化运营方式，联合本地300+优质商家，实现了江西省首笔国有商业银行数据资产融资业务	形成通信运营商联动运营数据、萍乡农特产销售分析、萍乡本地商家团购核销分析、辣红安源本地生活消费者行为分析等应用场景

各地对公共数据资产授权运营的探索取得了较好的效果，总结出了较为可行的经验，但也出现了一些亟待解决的问题，如产权界定问题、价值计量问题、安全风险问题等，这些问题还需要不断优化和完善。

第 6 章

公共数据资产授权运营的挑战与建议

6.1 公共数据资产授权运营的挑战

我国公共数据资产的授权运营还处在探索阶段，期间会面临各种各样的问题。在坚持统筹协调、公平公正、安全可控和需求导向的前提下，从各地授权运营的实践结果看，授权运营侧重于金融、工业、医疗、交通和社会民生等领域。目前，已出台相关政策以支持公共数据授权运营，在本地区数据条例、公共数据开放办法、公共数据管理办法中详细阐述了公共数据授权运营的主体职能分工或运营流程。同时，提出了建立公共数据授权运营机制、解释公共数据授权运营内涵等有益的尝试。一些地区提出了公共数据授权运营所授权的数据范围，各主体的职责分工，授权运营过程中的各环节要求、承载数据及其产出的平台建设等内容，并对授权主体、运营主体、监管主体等各行动主体从制度建设、技术保障、人员管理等各个方面落实了相关安全职责规范，包括强化各环节数据安全责任制度、健全风险评估等安全机制、实施数据安全技术防护、加强各环节相关人员安全监管等内容，以解决公共数据授权运营过程中的数据安全问题，这些措施为本地区公共数据授权运营实践工作提供了政策支撑和法规保障。尽管如此，目前尚未形成一套完善的公共数据授权运营管理办法，总体而言，公共数据资产授权运营还存在一些需要解决的问题，并需要应对以下四个方面的挑战。

1. 公共数据确权的法规政策有待完善

《中华人民共和国民法典》第一百二十七条虽然承认了数据的民事权益地位，在一定程度上促进了数据资产的应用，但尚未出台具体的规定，数据资产的所有、使用、处置、收益等权属的边界含糊不清，权利边界、权利归属、权利的类型和权利的行使还需要进一步细化，致使目前无法做出统一适用的产权规定，相关主体的合法权益无法得到充分保障。

以参与主体的权利为例，公共数据的产生、流通、使用和治理涉及居民、政务基层工作者、数据管理部门以及政府其他业务部门等多个主体，各个主体在公共数据产权分置、数据确权授权、个人信息数据确权授权及数据要素参与方合法权益保护方面存在挑战，主要体现为以下三点。

一是数据资产参与者拥有的数据权限不明确。参与者既可以是数据的使用者，也可以是数据的创造者，他们在工作过程中产生了大量数据，但由于数据权属不清、授权机制缺失，在一个业务场景中积累的数据无法在其他业务中使用。同时，参与者会接触到不少居民个人信息，如果处理不当，又容易引发数据安全和合规问题。因此，普遍存在数据贡献者可能一直在贡献数据，却无数据可用的尴尬现象，为保障基层工作者作为数据要素参与方的合法权益，急需建立健全数据产权制度。

二是授权单位和数据管理部门之间的数据管理责权不清晰，部门之间的管理边界有待细化。政府委办局过往在开展业务过程中已经搭建了不少信息系统，并产生了大量的公共数据。有些业务拥有独立的系统和数据库，需要将数据进一步归集汇聚到一个中心化数据平台中，之后才能进一步在不同部门之间共享和流通。还有部分城市已经建设了统一的数据平台，并在这些平台上统一开展业务。一般情况下，大数据局作为数据能力的支撑部门，负责数据平台运行和维护，但大部分数据由业务部门在开展业务时产生和使用，这些数据在产生、供给、流通和使用环节的权责如何划分还存在很多不够清晰的地方，数据授权机制不够精准高效，数据治理和供给存在瓶颈。

三是公共数据中的个人信息确权和授权模糊。公共业务需要基于个人信息为居民提供精准、高效的公共服务，合理的授权能减少不必要的证明材料提供和审核处置流程，避免居民在不同政务服务中重复填报信息。但当前精细化、人性化的授权机制仍然缺失。一方面，存在统一、过度授权的现象，引起居民对个人信息安全的担忧；另一方面，也存在过度谨慎、完全不授权的情况，各部门对授权问题避而远之，导致居民无法享受数据的红利。如何确保居民既能牢牢掌握个人数据的权利，又能通过精准合理授权享受数据红利，这是亟须解决的问题之一。

2. 数据监管力度有待提升

数据监管的目的在于维护一个公平有序的数字市场环境，促进数据开放共享和数据驱动创新。这要求我们在平衡相关方的利益的同时，构建一个安全、诚信、激励相容的数字生态系统，这对于公共数据资产的有效运营至关重要。个人数据隐私保护、国家数据安全保护和数据交易秩序维护，这三个内容构成了数据监管的核心。

在数字经济快速发展过程中，由于数据基础制度建设相对滞后，数据监管体制定位不明确，监管政策工具缺乏，建立有效的数据监管体系成为数字经济监管的当务之急。数据监管要求监管机构、数据处理者和其他组织采用法规、政策、标准等工具对数据采集、加工、利用、交易、接入和共享等活动所产生的一系列负面影响进行治理，它需要一个系统性制度体系。首先，数据监管目标是在确保安全的基础上促进数据要素的采集利用和开放共享，从而最大化释放数据要素价值，促进经济高质量增长；同时，保护利益相者的合法权益，实现价值普惠和收益共享，使社会公共利益最大化；其次，数据监管是在确保个人隐私和国家数据安全的基础上促进数据要素有序流通；再次，数据监管需要建立有效的监管体制，包括政府监管机构体制、数据主体自我治理和多轨监管治理机制；最后，数据监管需要完善的数据制度基础作为支撑，数据制度基础主要是科学的数据产权制度、完备的数据市场体系和现代的数字社会基石。

为此公共数据资产授权运营监管要以数据市场化配置为基础，针对数据要素市场化配置中的市场失灵实施监管；以促进数据市场良好运行为目标，建立完备的数据市场体系，积极培育数据供给方、需求方、数据商等数据市场主体，构建更为高效的数据交易基础设施和能够最大限度降低交易成本的规则体系。

3. 数据资产价值判断难

数据资产的正常授权运营在很大程度上依赖于数据资产能够提供清晰可靠的价值证明。然而，当前市场参与者认为数据资产的价值存在高度的不确定性，这种不确定性抑制了市场交易的活跃程度，许多的市场主体在面对价值不确定时，减少了市场参与频次，降低了市场交易预期，从而限制了数据资产的整体运营效能。

数据资产估值难主要体现在两个方面：一是没有明确的数据资产估值体系，导致市场参与者在数据资产的价值判断上存在较大差异，从而加剧信息不对称，这不仅增加了交易成本，还增加了市场进入的障碍；二是由于估值体系的不完整，市场上不同种类的数据资产之间的层级关系和潜在价值难以区分，进一步抑制了市场的透明度和流动性，还可能引发更广泛的经济影响。在当前的市场结构下，数据资产的不明确估值使得新兴的业态无法有效试验和推广。数据要素市场结构的不清晰还可能阻碍跨行业和跨领域的数据流动和合作，不同行业间的数据资产很难实现有效的对接和交换，这限制了数据的广泛应用。在这种背景下，建立一个科学合理的数据资产估值体系成为推动数据市场和整个数字经济健康发展的关键。这需要政府、资产评估行业协会和市场主体共同努力，制定统一的标准和评估模型，以减少市场的信息不对称性，降低交易成本，促进数据资产的流动和有效利用。

4. 公共数据授权运营治理有待优化

公共数据资产的授权运营涉及了数源单位、数据主管部门、授权运营平台、授权运营主体、终端使用主体等单位或者部门，采用的是以政府授权为核心的公共数据授权运营治理机制，目前该机制正面临三个问题：一是数据平台责任配置问题，即授权运营平台建设与运行管理的权力与责任配置存在"集中保障安全"与"分置避免垄断"的两难。二是数据流通风险共担问题，即抽象化的风险共担实质上模糊了公共数据授权运营的授权主体归属，对风险预防与处置形成阻碍。三是数据供给激励问题，即缺乏有效激励工具来提升数源单位的数据供给积极性。

在数据平台的责任配置问题中，公共数据的授权运营涉及公共数据供给部门、主管部门、运营平台、运营机构与终端用户，是多部门协同共治、合作治理的过程。在多部门之间不仅有着权力与权利的部门间分配，也必然伴随着责任在多方主体之间的配置。公共数据授权运营治理机制中的责任配置问题，突出体现在公共数据授权运营平台的建设权与运行管理权配置上。各地政府面临的一个普遍问题，即是否授权一家企业来完全负责公共数据授权运营平台的建设与运行管理工作。在数据流通的风险共担问题中，我国各地政府在进行公共数据的授权运营时，普遍以"数据二十条"所设立的相关原则为指导，严格遵循"一场景、一审核、一授权"规则。为强化对公共数据授权运营潜在风险的管控，我国各地政府都建设了多部门协调机制，该机制整合了公共数据主管部门与数据供给部门，同时延请外部专家组成专家委员会，共同开展公共数据授权运营项目的事前安全审查与事后安全监管工作。各地政府以多部门协调机制为基础，建立了公共数据授权运营的风险共担机制。我国各地方政府为公共数据授权运营工作建立了"风险共担"机制，但该机制的实质是谁授权，谁就要承担风险。在地方公共数据授权运营的实际操作中，部分地区将授权主体指向了作为整体的政府。在数据供给的激励问题上，面向参与主体提供充分的激励，是治理机制建设所希望达成的一种激励状态。在公共数据授权运营工作中，地方政府、数据主管部门以及数据供给部门之间，治理机制建设必须力求实现激励相容，从而实现公共数据的供求的正常运转。作为数源的行政职能部门不仅需要提供高质量、无差错、清洗后的原始数据集，还要在公共数据授权运营的风险共担机制下承担部分的事前安全审查、事中风险管理以及事后救济义务，如何为行政职能部门的数据供给提供充分的激励，成为公共数据授权运营治理机制的关键问题之一。

如果激励缺位，行政职能部门很有可能消极应对公共数据授权运营工作，只向公共数据授权运营平台提供较少的低价值、低敏感数据，从而降低自身的风险承担压力，同时寻找其他非公共数据授权运营渠道来从自身掌握的公共数据中获得更高的价值回馈。按照行为公共管理中的公共选择理论，财政经费的获取是一个行政部门维持并提升其运转效能的重要目标。"数据二十条"也在有关公共数据授权运营的章节中提出"探索用于产业发展、行业发展的公共数据有条件有偿使用"，为公共数据授权运营过程中的政府收费行为提供了政策支撑。

6.2 应对公共数据资产授权运营挑战的建议

面对公共数据资产化过程中出现的潜在风险，特别是"数据财政"冲动和数据安全问题，必须采取有效措施加以应对，以确保公共数据的高效、安全、有序利用。以下是一些具体的建议。

第一，持续推进数据产权制度建设。要完善数据产权框架，依据中共中央、国务院发布的《中共中央、国务院关于构建数据基础制度更好发挥数据要素作用的意见》，深化数据资源持有权、数据加工使用权和数据产品经营权"三权"分置的产权制度，明确各权能的法律地位和边界。

公共数据的参与主体涉及数据所有者、数据生产者、数据使用者和数据管理者，这几类主体协同工作，完成公共数据的生产、加工、存储、更新、使用和流通，实现公共数据要素的四方共建。对于业务管理数据的确权，业务部门拥有本部门开展业务时产生的业务管理数据的数据资源持有权和数据加工使用权，能对该数据进行修改、删除和进一步授权等操作，也能在本部门开展的其他业务中使用该数据。经业务部门授权后，数据管理部门和参与者拥有该数据的数据加工使用权，参与方利用智能系统帮助业务部门在中心数据平台直接产生业务数据，而不是先在本地产生数据再通过系统提交上传至中心数据平台。因此，参与方可以不拥有数据资源持有权，但可以从中心数据平台中调取、使用这些业务数据来开展工作。该模式同样适用于个人信息数据。

对于公共数据的确权，数据管理部门对数据拥有加工使用权和数据产品经营权。业务部门对数据管理部门中基于本部门业务管理数据加工产生的数据拥有数据资源持有权和数据加工使用权；对其他业务部门产生的数据仅拥有数据加工使用权，且该权利的具体范围和大小受数据管理部门的限制。基层工作者不直接拥有数据的加工使用权。业务部门需要基于业务需求，利用其对数据的加工使用权，并根据该部门的权限范围使用普通数据要素来补全业务数据中的不足。之后，该业务部门再将补全后的业务数据及数据的加工使用权赋予授权单位，其具体权限范围和大小受该业务部门的限制。

第二，建立健全数据监管体系。包括界定数据监管部门、数源单位、授权运营主体及授权主体的权责边界，确保各环节有明确的监管主体和责任担当，并建立严格的数据内容、服务形式及收费标准的审批机制，防止未经批准的数据被滥用和违规收费行为的出现。同时，加强事中事后监管，确保数据运营活动的合规性，具体体现在以下三个方面。①完善监管政策法规。借鉴我国国有资产监管的成熟经验和《推进中央党政机关和事业单位经营性国有资产集中统一监管试点实施意见》等政策意见，统筹建立并健全了国有资产监管规章制度体系。通过加强数据资产平台授权运营的顶层设计，对监管原则、机构设置、监管方式等做出明确规定，以更好构建监管发展格局。②建立数据监管机制。具体体现在强调机构监管、强化行为监管和可持续监管，强调机构监管是对公共数据持有机构、数据加工机构以及数据产品经营机构的市场准入、持续经营、风险管控和市场退出等实施全生命周期的审慎监管。强化行为监管是对从事数据收集、汇聚、开发、交易、利用等活动的机构和人员进行监管，通过对数据要素流通各环节的行为实施规范统一的管理，打击违法违规行为，推动数据资产流通，释放数据资产价值。可持续监管是对监管对象实施的全周期、全过程、全链条的动态监管，强调监管行为和效果的连续性，以实现对风险的有效识别、化解和处置。③明晰监管权责，构建监管职责明晰、层级明确的统一监管格局，厘清分散授权运营时不同层级监管机构的职责分工，科学配置数据监管权力，从而提升监管体系整体效能，使得各种监管更加规范、更加有效。

此外，还需要着力打造一支高精尖的综合执法骨干队伍，增强监管机构行政命令的执行力、威慑力，保障政策更好落地，市场主体权益得到更完善的保护。

第三，构建数据资产估值体系。数据资产估值定价的难度在于数据资产独有的特性，如其使用价值的可变性、场景依赖性以及与使用者技术能力的相关性。构建数据资产估值体系是当前面临的主要任务，可以借助中国资产评估协会的力量，加大数据资产评估规则体系的研究与开发，构建不同情境下的数据资产评估规则。这主要是因为，一是数据资产估值主要以使用价值为评估对象，数据资产的使用价值会随着其在价值链中的不同阶段的加工而改变。数据是数字化的知识与信息，数据资产的形成基础也就是不同来源数据的集合，而数据具有可再生特性，即加工处理后的数据可以成为一种新的数据资源重新与其他数据组成完全不同的集合并形成新的数据资产。另外，数据资产的估值不仅关注数据的当前使用价值，还考虑其未来潜力和在不同应用场景下的价值转化能力，表现为数据资产在新的生产关系和技术环境中的演化。二是数据资产在新质生产力发展中显现出独特的可扩展性，其价值并非固定不变，而是随着不断地应用、分析和重新组合而递增。这种长期的价值累积特性，表明数据资产与传统的知识或信息资源相比，具有更高层次的增值潜力，这种动态增值能力不仅为各行各业提供了持续的创新动力，也为实现可持续发展提供了关键资源。三是数据资产的使用价值针对不同场景、不同使用者具有高度异质性，相同的资产也可能产生不同的价值。数据资产的价值挖掘还依赖于使用者的技术能力、算力和算法水平。这种场景和用户依赖性，是数据资产动态利用和价值实现过程的关键，它强调数据资产的利用和价值实现是一个与具体应用场景、用户能力密切相关的动态过程。针对这些数据资产估值难点，采用传统的估值定价方法如成本法、收益法等会受到明显的限制，每种方法只能解释某一阶段、某一场景或者某一类使用者的数据资产；若采用基于"信息熵"的数据资产定价方法则难以适应多种应用情景。因此，伴随着数据生成、存储和处理技术的进步，数据资产的价值也在不同的应用场景下表现出显著的异质性。

传统的静态估值和定价方法无法充分捕捉数据资产的动态变化和场景特异性。在这样的背景下，需要在未来研究中主要考虑不同场景下的动态估值与定价范式。数据资产不仅仅是一种静态的信息集合，而且是一个随着时间、场景和使用方式不断变化其价值的动态资产，估值需要认识和利用数据资产的动态性和多样性。基于此，上述问题可以通过以下途径加以解决：一是建立统一的评估标准，该标准需开发一套全面的评估指标和方法，这些指标和方法应涵盖数据的完整性、准确性、时效性、相关性和可访问性等多个维度；二是构建新的估值模型，为了适应不同时空、不同行业数据资产的独特性，需开发新的算法和模型来准确反映各情境下的价值差异；三是开发新的数据处理和分析工具，这些工具可以帮助市场参与者和相关单位更有效地理解和利用其数据资产。

第四，提升公共数据资产治理水平。针对公共数据资产授权运营治理的三个核心问题，可以提出如下解决措施。

一是恰当配置公共数据授权运营平台的建设权与运行管理权。针对"责任配置"方面的平台建设责任与运行管理责任归属问题，政府可根据本地实际情况，授权一家企业建设授权运营平台，或在既有公共数据平台上授权多家企业建设授权运营专区。如地方公共数据授权运营平台统一交由一家企业负责建设管理，政府则应要求该企业将业务范围限制在一级市场之内，或在有限周期、有限领域内进入二级市场发挥示范作用，并最终适时退出二级市场，避免单一企业在公共数据授权运营链条上下游形成普遍垄断地位。

二是合理分担公共数据资产授权运营中的风险。政府应基于法律法规与政策，联合社会各方主体构建一套公共数据授权运营风险责任界定体系，明确授权运营过程中风险的具体归属以及各方相关主体的风险处置义务，确保每一环节的风险管理都有章可循，避免风险归属模糊导致的处置困境。同时，政府还可推动建设多种形式的风险共担机制，例如借助保险工具分散公共数据授权运营过程中的风险，或鼓励数据产业链上的企业共同设立风险应对基金，为基金参与成员提供风险损失补偿。

三是科学采取正向的数据资产有效供给激励手段。政府应探索施用多元激励手段，在传统驱动手段之外引入多种非物质激励机制，提高数源单位参与公共数据授权运营工作的积极性。同时，政府还应建立科学合理的绩效考核体系，将数源单位的数据供给质量及其社会影响力适度纳入考核指标，更好地推动数源单位面向社会提供高质量公共数据。

公共数据授权运营作为一种创新政府职能、助力新兴产业发展的手段，需要政府在现有措施的基础上，展现出"勇闯创新无人区"的精神，这意味着政府应持续以有效应对公共数据授权运营治理挑战为长期目标，持续探索更优的治理机制。

参 考 文 献

陈荣达，林祺，金骋路，等. 数据资产估值定价与新质生产力发展：演进逻辑与主要挑战[J/OL]. 财贸经济, 1-19[2024-09-08].

陈志刚. 我国公共数据授权运营核心框架体系探析与建构[EB/OL]. (2024-02-28)[2024-09-07]. https://roll.sohu.com/a/760746264_121124375.

黄丽华，窦一凡，郭梦珂，等. 数据流通市场中数据产品的特性及其交易模式[J]. 大数据, 2022, 8(03): 3-14.

胡业飞. 责任配置、风险共担与激励相容：中国地方公共数据授权运营的治理机制问题研究[J]. 电子政务, 2024, (10): 22-31.

刘彩云, 吴函霏. 数启新动能⑤|公共数据授权运营五问五答，你想了解的都在这里了[EB/OL]. (2024-03-20)[2024-09-07]. https://mp.weixin.qq.com/s?__biz=MzU5Mjk0NzY4NA==&mid=2247520288&idx=1&sn=ad1768bfa9eecdd4976734eb66959953&chksm=fe1520abc962a9bd47d77e950fdc1f98859d24eca4903b9a1dde3871adc330e5396ab5f06b60&scene=27

栾国春. 公共数据授权运营工作之刍议——"数据二十条"为公共数据要素化迎来新契机[J]. 中国经贸导刊, 2023, (03): 76-80.

李晓辉. 完善公共数据授权运营制度 保障个人信息安全[N]. 光明日报, 2024-01-27(05).

李兴腾, 朱敏. 国外数据监管实践及启示[J]. 数字经济, 2024, (03): 34-42.

潘银蓉, 刘晓娟, 张容旭. 数据交易生态系统：理论逻辑、制约因素与治理路径[J]. 图书情报工作, 2023, 67(09): 42-52.

沈斌. 公共数据授权运营的功能定位、法律属性与制度展开[J]. 电子政务, 2023, (11): 42-53.

涂群, 张茜茜. 国家数据要素化总体框架——环节四：公共数据授权运营[EB/OL]. (2024-03-25)[2024-09-07]. https://www.databanker.cn/thrilling/355123.html.

唐要家, 马中雨. 数据监管制度框架与体系完善[J]. 长白学刊, 2023, (06): 100-107.

吴亮. 政府数据授权运营治理的法律完善[J]. 法学论坛, 2023, 38(01): 111-121.

王伟玲. 政府数据授权运营：实践动态、价值网络与推进路径[J]. 电子政务, 2022, (10): 20-32.

王晓冬, 董超. 我国公共数据授权运营地方实践、面临挑战及对策建议[J]. 中国经贸导刊, 2023, (12): 54-56.

肖卫兵. 政府数据授权运营法律问题探析[J]. 北京行政学院学报, 2023, (01): 91-101.

中国信息通信研究院. 公共数据授权运营发展洞察[R]. 广州: 中国信息通信研究院, 2023.

中国信息通信研究院. 公共数据授权运营平台功能要求[R]. 广州: 中国信息通信研究院, 2023.

张会平, 顾勤, 徐忠波. 政府数据授权运营的实现机制与内在机理研究——以成都市为例[J]. 电子政务, 2021, (05): 34-44.

张会平, 顾勤. 政府数据流动: 方式、实践困境与协同治理[J]. 治理研究, 2022, 38(03): 59-69.

张会平, 马太平, 孙立爽. 政府数据赋能数字经济升级: 授权运营、隐私计算与场景重构[J]. 情报杂志, 2022, 41(04): 166-172.

周文泓, 王欣雨, 陈喆, 等. 我国公共数据授权运营的实践进展调查与展望[J]. 现代情报, 2024, 44(09): 119-130.